计算机基础与实训教材系列

U0590055

Office 2013办公软件

实用教程

王 闻 编 著

清华大学出版社

北 京

内 容 提 要

本书以初学者从入门到精通为思路展开讲解，对 Office 中的常用软件 Word、Excel、PowerPoint 进行了系统的讲解，以合理的结构和经典的实例对最基本和最实用的功能进行了详细介绍。全书共分为 16 章，分别是 Word 基础操作，文档的格式化，制作图文混排的文档，表格的应用，Word 的高级功能，Excel 基础操作，公式和函数的运用，数据的处理，用图表分析数据，PowerPoint 基础操作，幻灯片的美化，为幻灯片添加动画，幻灯片的放映与发布等。最后，本书还通过多个综合实例讲述 Office 的各种应用。

本书内容翔实、结构清晰、语言简练，具有很强的实用性和可操作性，是一本适合于高等院校、职业学校及各类社会培训学校的优秀教材，也是广大初、中级电脑用户的自学参考书。

本书对应的电子课件和实例源文件可以到 http://www.tupwk.com.cn/edu 网站下载。

图书在版编目(CIP)数据

Office 2013 办公软件实用教程 / 王闻 编著.—北京：清华大学出版社，2015（2020.10重印）

(计算机基础与实训教材系列)

ISBN 978-7-302-40912-0

Ⅰ. ①O… Ⅱ. ①王… Ⅲ. ①办公自动化—应用软件—教材 Ⅳ. ①TP317.1

中国版本图书馆 CIP 数据核字(2015)第 166265 号

责任编辑：胡辰浩　袁建华
装帧设计：牛艳敏
责任校对：成凤进
责任印制：杨　艳

出版发行：清华大学出版社
　　　网　　　址：http://www.tup.com.cn，http://www.wqbook.com
　　　地　　　址：北京清华大学学研大厦 A 座　　邮　　编：100084
　　　社 总 机：010-62770175　　　　　邮　　购：010-62786544
　　　投稿与读者服务：010-62776969，c-service@tup.tsinghua.edu.cn
　　　质 量 反 馈：010-62772015，zhiliang@tup.tsinghua.edu.cn
　　　课 件 下 载：http://www.tup.com.cn，010-62794504
印 装 者：三河市君旺印务有限公司
经　　　销：全国新华书店
开　　　本：190mm×260mm　　印　　张：20.5　　字　　数：538 千字
版　　　次：2015 年 8 月第 1 版　　印　　次：2020 年 10 月第 8 次印刷
定　　　价：68.00 元

产品编号：053440-03

编审委员会

计算机基础与实训教材系列

丛 书 序

计算机基础与实训教材系列

　　计算机已经广泛应用于现代社会的各个领域，熟练使用计算机已经成为人们必备的技能之一。因此，如何快速地掌握计算机知识和使用技术，并应用于现实生活和实际工作中，已成为新世纪人才迫切需要解决的问题。

　　为适应这种需求，各类高等院校、高职高专、中职中专、培训学校都开设了计算机专业的课程，同时也将非计算机专业学生的计算机知识和技能教育纳入教学计划，并陆续出台了相应的教学大纲。基于以上因素，清华大学出版社组织一线教学精英编写了这套"计算机基础与实训教材系列"丛书，以满足大中专院校、职业院校及各类社会培训学校的教学需要。

一、丛书书目

　　本套教材涵盖了计算机各个应用领域，包括计算机硬件知识、操作系统、数据库、编程语言、文字录入和排版、办公软件、计算机网络、图形图像、三维动画、网页制作以及多媒体制作等。众多的图书品种可以满足各类院校相关课程设置的需要。

　　⊙　　已出版的图书书目

《计算机基础实用教程(第二版)》	《中文版 Office 2007 实用教程》
《计算机基础实用教程（Windows 7+Office 2010 版）》	《中文版 Word 2007 文档处理实用教程》
《电脑入门实用教程(第二版)》	《中文版 Excel 2007 电子表格实用教程》
《电脑入门实用教程(Windows 7+Office 2010)》	《Excel 财务会计实战应用（第二版）》
《电脑办公自动化实用教程（第二版）》	《中文版 PowerPoint 2007 幻灯片制作实用教程》
《计算机组装与维护实用教程（第二版）》	《中文版 Access 2007 数据库应用实例教程》
《中文版 Word 2003 文档处理实用教程》	《中文版 Project 2007 实用教程》
《中文版 PowerPoint 2003 幻灯片制作实用教程》	《中文版 Office 2010 实用教程》
《中文版 Excel 2003 电子表格实用教程》	《中文版 Word 2010 文档处理实用教程》
《中文版 Access 2003 数据库应用实用教程》	《中文版 Excel 2010 电子表格实用教程》
《中文版 Project 2003 实用教程》	《中文版 PowerPoint 2010 幻灯片制作实用教程》
《中文版 Office 2003 实用教程》	《Access 2010 数据库应用基础教程》
《中文版 Word 2010 文档处理实用教程》	《中文版 Access 2010 数据库应用实例教程》
《中文版 Excel 2010 电子表格实用教程》	《中文版 Project 2010 实用教程》
《计算机网络技术实用教程》	《Word+Excel+PowerPoint 2010 实用教程》
《中文版 AutoCAD 2012 实用教程》	《中文版 AutoCAD 2013 实用教程》

《AutoCAD 2014 中文版基础教程》	《中文版 AutoCAD 2014 实用教程》
《中文版 Photoshop CS5 图像处理实用教程》	《中文版 Photoshop CS6 图像处理实用教程》
《中文版 Dreamweaver CS5 网页制作实用教程》	《中文版 Dreamweaver CS6 网页制作实用教程》
《中文版 Flash CS5 动画制作实用教程》	《中文版 Flash CS6 动画制作实用教程》
《中文版 Illustrator CS5 平面设计实用教程》	《中文版 Illustrator CS6 平面设计实用教程》
《中文版 InDesign CS5 实用教程》	《中文版 InDesign CS6 实用教程》
《中文版 CorelDRAW X5 平面设计实用教程》	《中文版 CorelDRAW X6 平面设计实用教程》
《网页设计与制作(Dreamweaver+Flash+Photoshop)》	《Mastercam X5 实用教程》
《ASP.NET 4.0 动态网站开发实用教程》	《Mastercam X6 实用教程》
《ASP.NET 4.5 动态网站开发实用教程》	《多媒体技术及应用》
《Java 程序设计实用教程》	《中文版 Premiere Pro CS5 多媒体制作实用教程》
《C＃程序设计实用教程》	《中文版 Premiere Pro CS6 多媒体制作实用教程 》
《SQL Server 2008 数据库应用实用教程》	《Windows 8 实用教程》
《Excel 财务会计实战应用（第三版）》	

二、丛书特色

1. 选题新颖，策划周全——为计算机教学量身打造

本套丛书注重理论知识与实践操作的紧密结合，同时突出上机操作环节。丛书作者均为各大院校的教学专家和业界精英，他们熟悉教学内容的编排，深谙学生的需求和接受能力，并将这种教学理念充分融入本套教材的编写中。

本套丛书全面贯彻"理论→实例→上机→习题"4 阶段教学模式，在内容选择、结构安排上更加符合读者的认知习惯，从而达到老师易教、学生易学的目的。

2. 教学结构科学合理，循序渐进——完全掌握"教学"与"自学"两种模式

本套丛书完全以大中专院校、职业院校及各类社会培训学校的教学需要为出发点，紧密结合学科的教学特点，由浅入深地安排章节内容，循序渐进地完成各种复杂知识的讲解，使学生能够一学就会、即学即用。

对教师而言，本套丛书根据实际教学情况安排好课时，提前组织好课前备课内容，使课堂教学过程更加条理化，同时方便学生学习，让学生在学习完后有例可学、有题可练；对自学者而言，可以按照本书的章节安排逐步学习。

3. 内容丰富、学习目标明确——全面提升"知识"与"能力"

本套丛书内容丰富，信息量大，章节结构完全按照教学大纲的要求来安排，并细化了每一章内容，符合教学需要和计算机用户的学习习惯。在每章的开始，列出了学习目标和本章重点，便于教师和学生提纲挈领地掌握本章知识点，每章的最后还附带有上机练习和习题两部分内容，教师可以参照上机练习，实时指导学生进行上机操作，使学生及时巩固所学的知识。自学者也可以按照上机练习内容进行自我训练，快速掌握相关知识。

4. 实例精彩实用，讲解细致透彻——全方位解决实际遇到的问题

本套丛书精心安排了大量实例讲解，每个实例解决一个问题或是介绍一项技巧，以便读者在最短的时间内掌握计算机应用的操作方法，从而能够顺利解决实践工作中的问题。

范例讲解语言通俗易懂，通过添加大量的"提示"和"知识点"的方式突出重要知识点，以便加深读者对关键技术和理论知识的印象，使读者轻松领悟每一个范例的精髓所在，提高读者的思考能力和分析能力，同时也加强了读者的综合应用能力。

5. 版式简洁大方，排版紧凑，标注清晰明确——打造一个轻松阅读的环境

本套丛书的版式简洁、大方，合理安排图与文字的占用空间，对于标题、正文、提示和知识点等都设计了醒目的字体符号，读者阅读起来会感到轻松愉快。

三、读者定位

本丛书为所有从事计算机教学的老师和自学人员而编写，是一套适合于大中专院校、职业院校及各类社会培训学校的优秀教材，也可作为计算机初、中级用户和计算机爱好者学习计算机知识的自学参考书。

四、周到体贴的售后服务

为了方便教学，本套丛书提供精心制作的 PowerPoint 教学课件(即电子教案)、素材、源文件、习题答案等相关内容，可在网站上免费下载，也可发送电子邮件至 huchenhao@263.com 索取。

此外，如果读者在使用本系列图书的过程中遇到疑惑或困难，可以在丛书支持网站(http://www.tupwk.com.cn/edu)的互动论坛上留言，本丛书的作者或技术编辑会及时提供相应的技术支持。咨询电话：010-62796045。

在当今社会，快速地学习有用的知识与掌握技能已经是每个人必备的基本能力。Office是微软公司推出的办公软件套装，本书主要介绍了其中的3个常用组件，即Word、Excel和PowerPoint。本书从读者的角度出发，在帮助读者掌握基础知识的同时，又注重实际应用能力的培养。

本书全面介绍了Office的功能、用法和技巧，内容包括文字处理、电子表格、幻灯片制作和演示等。本书为用户快速地学习Word、Excel和PowerPoint提供了一个强有力的跳板，无论从基础知识安排还是实际应用能力的训练，本书都充分地考虑了用户的需求，希望用户边学习边练习，最终达到理论知识与应用能力的同步提高。

本书共16章，各章的主要内容如下。

第1章：对Office进行概述，讲解Office所包含的组件及功能，以及安装与卸载Office的方法。

第2~6章：介绍Word的文档编辑操作，让用户全面掌握Word 的常用功能，包括文本格式的编辑、自选图形与SmartArt图形的制作、在文档中使用表格、美化文档页面、审阅与调整文档视图以及Word 的高效办公技巧等内容。

第7~11章：介绍了使用Excel 制作表格的常用方法，包括Excel的基础操作、公式与函数的应用、数据的分析与整理、透视分析数据、图表的使用等内容。

第12~15章：介绍了使用PowerPoint 制作幻灯片的常用方法，包括PowerPoint 的基础操作、幻灯片的美化、为幻灯片添加动画以及幻灯片的放映与发布等内容。

第16章：以3个综合实例来巩固所学知识，让用户学会在日常工作中灵活运用3个组件。

本书内容翔实、结构清晰、语言简练，具有很强的实用性和可操作性，是一本适合于高等院校、职业学校及各类社会培训学校的优秀教材，也是广大初、中级电脑用户的自学参考书。

本书是集体智慧的结晶，除封面署名的作者外，参与本书编写工作的还有马协隆、马金帅、付伟、张仁凤、张世全、邱雅莉、张德伟、卓超、张海波、高惠强、吴琦、张甜、张志刚、高嘉阳、张华曦、董熠君等人。我们真切希望读者在阅读本书之后，不仅能开拓视野，而且可以增长实践操作技能，并且从中学习和总结操作的经验和规律，达到灵活运用的水平。鉴于编者水平有限，书中纰漏和考虑不周之处在所难免，热诚欢迎读者予以批评、指正。我们的邮箱是huchenhao@263.net，电话是010-62796045。

本书对应的电子课件和实例源文件可以到http://www.tupwk.com.cn/edu网站下载。

编 者

2015年4月

推荐课时安排

章　　名	重点掌握内容	教学课时
第1章　Office概述	1. Office简介 2. 安装与卸载Office 3. 启动与退出Office 4. Office文档的常用设置	1学时
第2章　Word基础知识	1. Word工作窗口简介 2. Word文件操作 3. 文档的视图方式 4. 文本的操作 5. 插入符号和日期 6. 设置项目符号和编号 7. 制作【通知】文档 8. 将文字粘贴为图片	3学时
第3章　编辑与美化文档	1. 设置文本格式 2. 设置段落格式 3. 设置项目符号和编号 4. 设置边框和底纹 5. 复制和清除格式 6. 使用样式快速格式化文档 7. 制作【招生简章】文档 8. 制作【简报】文档	3学时
第4章　应用图文混排	1. 插入和编辑图片 2. 应用文本框和艺术字 3. 应用自选图形 4. 应用SmartArt图形 5. 制作禁烟牌 6. 制作施工流程图 7. 制作公司组织结构图	3学时

（续表）

章　　名	重点掌握内容	教学课时
第5章　应用表格处理文档	1. 创建表格 2. 编辑表格 3. 美化表格效果 4. 表格数据计算与排序 5. 文本与表格的转换 6. 制作日历表格 7. 制作员工档案表	3学时
第6章　应用Word高级功能	1. 加密和保护文档 2. 插入页眉和页脚 3. 美化页面效果 4. 提取文档目录 5. 批注和修订文档 6. 页面设置和打印 7. 制作企业报刊 8. 制作工作考核办法文档	3学时
第7章　Excel基础操作	1. 认识Excel 2. 工作表的操作 3. 输入数据 4. 自动填充数据 5. 单元格的操作 6. 拆分和冻结窗口 7. 制作问卷调查表 8. 制作职工通讯录	3学时
第8章　表格格式化设置	1. 设置单元格数据格式 2. 美化工作表 3. 应用样式设置表格效果 4. 应用条件格式 5. 制作学生成绩表 6. 突出较好的成绩	2学时
第9章　应用公式和函数	1. 使用公式 2. 单元格引用 3. 使用函数	3学时

计算机 基础与实训教材系列

（续表）

章　　名	重点掌握内容	教学课时
第9章　应用公式和函数	4. 制作电器销售表 5. 制作成绩分析表	3学时
第10章　数据分析与管理	1. 数据排序 2. 数据筛选 3. 分类汇总 4. 制作经营记录表 5. 制作工资汇总表	3学时
第11章　应用图表分析数据	1. 创建图表 2. 设置图表 3. 创建趋势线 4. 创建误差线 5. 使用数据透视表 6. 使用数据透视图 7. 制作经营分析图表 8. 制作工资透视图表	3学时
第12章　PowerPoint基础操作	1. PowerPoint工作界面 2. 幻灯片的基本操作 3. 幻灯片的视图方式 4. 输入和编辑文本 5. 制作教学课件 6. 制作会议简报	3学时
第13章　幻灯片的美化编辑	1. 设置幻灯片主题和背景 2. 应用幻灯片母版 3. 为幻灯片插入图形图像 4. 插入声音和影片 5. 插入表格和图表 6. 制作产品宣传册	3学时
第14章　设置幻灯片动画	1. 预定义动画效果 2. 设置动画效果 3. 设置幻灯片的切换效果 4. 制作卷轴动画	2学时
第15章　放映与发布幻灯片	1. 设置放映类型 2. 排练计时	2学时

计算机 基础与实训教材系列

（续表）

章名	重点掌握内容	教学课时
第15章　放映与发布幻灯片	3. 放映幻灯片 4. 打包演示文稿 5. 发布演示文稿 6. 制作数码产品展示幻灯片	2学时
第16章　综合实例	1. 制作产品使用说明书 2. 制作销售统计表 3. 制作楼盘推广幻灯片	3学时

注：1. 教学课时安排仅供参考，授课教师可根据情况作调整。

2. 建议每章安排与教学课时相同时间的上机练习。

CONTENTS

计算机基础与实训教材系列

计算机基础与实训教材系列

计算机基础与实训教材系列

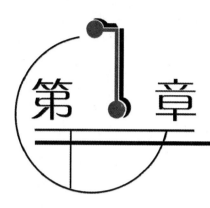

Office 概述

学习目标

Office 2013各个组件程序拥有图形化的操作界面，使用范围广，广大用户更容易接受。为了提高用户的学习和工作效率，首先需要对Office功能组件进行认识，熟悉Office的安装、卸载、启动和退出等操作，以及掌握Office文档的常用设置。

本章重点

- ◉ 安装与卸载Office
- ◉ 启动与退出Office
- ◉ Office文档的常用设置

1.1 Office 简介

Office是一个软件包，包括Word、Excel、PowerPoint等主要软件，是目前广泛使用的办公软件系统，通常是为了方便用户在日常办公处理文档、编辑文本、创建各种表格、对编辑好的文件进行排版处理等方面的操作。

1.1.1 Word 简介

Word是微软公司的一款文字处理软件，可以帮助用户快速创建、编辑、制表、排版、打印等各类用途的文档。它是世界上最受欢迎的办公软件，可以说是公司里面必备的软件之一。

①.1.2   Excel 简介

Excel全新的分析和可视化工具可帮助用户跟踪和突出显示重要的数据趋势。可以在移动办公时从几乎所有Web浏览器或Smartphone访问用户的重要数据。用户甚至可以将文件上传到网站并与其他人同时在线协作。无论用户是要生成财务报表还是管理个人支出，使用Excel都能够更高效、更灵活地实现其目标。

①.1.3   PowerPoint 简介

PowerPoint是制作和演示幻灯片的软件，能够制作出集文字、图形、图像、声音以及视频剪辑等多媒体元素于一体的演示文稿，可有效辅助演讲、教学、产品演示等。PowerPoint通常用于设计制作专家报告、教师授课、产品演示、广告宣传的电子版幻灯片。

①.1.4   Office 其他组件

除了上述常见组件外，Office还包括OneNote、Access、InfoPath、Publisher、Outlook等组件，这些组件都包含了不少新特性，并且都已采用 Ribbon UI，在其相应领域都有很重要的作用。下面分别对这些组件的功能进行介绍。

- OneNote：OneNote使用户能够捕获、组织和重用便携式计算机、台式计算机或Tablet PC上的便笺。它为用户提供了一个存储所有便笺的位置，并允许用户自由处理这些便笺。
- Access：Access能够存取Access/Jet、Microsoft SQL Server、Oracle，或者任何ODBC兼容数据库内的资料，是一个很好的开发软件的组件。
- InfoPath：InfoPath主要特点是它对自订的XML概要支援，以创作和查验XML文件的能力。它可透过MSXML与SOAP工具包利用XML Web Services连接到外部系统，并且后端和中间层系统可设定来利用Web Services标准如SOAP、UDDI以及WSDL来沟通。
- Publisher：Publisher的大部分替代品，除Adobe PageMaker外，都不提供导入Publisher的功能，但是，Publisher可以导出成EMF(Enhanced Metafile)格式，它可以被其他软件支持。
- Outlook：Microsoft Outlook Express，简称为OE，是微软公司出品的一款电子邮件客户端，也是一个基于NNTP协议的Usenet客户端，微软将这个软件与操作系统以及Internet Explorer网页浏览器捆绑在一起。

1.2　安装与卸载 Office

对于办公人员而言，安装与卸载Office是必备的技能之一。下面就具体介绍一下安装与卸载Office的操作方法。

1.2.1　安装 Office

本节将以Office 2013为例，讲解Office的安装过程。

【例1-1】自定义安装Office 2013。

(1) 将Office光盘放入光驱中，系统将自动弹出如图1-1所示的界面，在界面中输入产品密钥，再单击【继续】按钮。

(2) 进入下一个界面后，选中【我接受此协议的条款】选项，然后单击【继续】按钮，如图1-2所示。

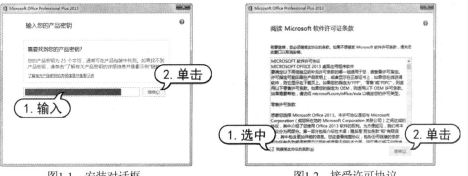

图1-1　安装对话框　　　　　　　　　图1-2　接受许可协议

(3) 进入下一个界面后，会出现【立即安装】和【自定义】两个选项按钮供用户选择。如果要选择性地安装Office组件，可单击【自定义】按钮，如图1-3所示。

(4) 单击【自定义】按钮，将进入如图1-4所示的界面。在该界面中可以选择具体安装的Office组件、该程序安装到电脑上的位置以及输入用户信息等。

图1-3　选择安装方式　　　　　　　　　图1-4　选择组件

(5) 设置好安装的内容后，单击【立即安装】按钮，程序即可开始进行安装，并显示安装的进程，程序安装完毕后，关闭安装界面，完成软件的安装操作。

提示

　　在安装 Office 的操作中，可以根据需要安装其中的组件。在安装过程中，选择"自定义"安装方式，即可选择要安装的组件，关闭不需要的组件，从而可以减小安装程序所占的空间并加快安装速度。

1.2.2　卸载 Office

　　安装好Office后，如果因为其他原因需要对安装好的Office进行卸载，可以使用以下方法进行操作。

　　【例1-2】卸载Office 2013。

　　(1) 单击电脑桌面左下角的【开始】按钮，在打开的菜单中选择【控制面板】命令，如图1-5所示。

　　(2) 在打开的【控制面板】窗口中单击【程序】图标中的【卸载程序】链接，如图1-6所示。

图1-5　选择【控制面板】命令　　　　　　　图1-6　单击【卸载程序】链接

　　(3) 打开【程序和功能】控制面板窗口，单击选择【Microsoft Office Professional Plus 2013】选项，单击【卸载】按钮，如图1-7所示。

　　(4) 在弹出的对话框中单击【是】按钮，即可对Office进行卸载，如图1-8所示。

图1-7　单击【卸载】按钮　　　　　　　图1-8　单击【是】按钮

1.3 启动与退出 Office

要使用Office中的组件程序处理文档，必须先启动相应的程序，并在完成使用后退出程序。本节将以Word 2013为例，介绍启动和退出Office的方法。

1.3.1 启动 Office

在完成Office安装后，可以使用如下3种常用方法启动Office应用程序。

⊙ 双击桌面上的Office快捷方式图标，可以快速启动Office，如图1-9所示。

⊙ 单击【开始】按钮，然后选择【所有程序】→Microsoft Office→Microsoft Office Word命令，如图1-10所示。

⊙ 双击电脑中已保存的Office文档，即可启动Office，并打开指定的文档。

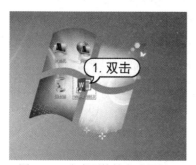

图1-9 双击桌面快捷方式图标

图1-10 从开始菜单中打开Word

计算机 基础与实训教材系列

1.3.2 退出 Office

完成对文档的处理后，可以通过如下3种常用方法退出Office应用程序。

⊙ 单击窗口标题栏右侧的【关闭】按钮，可以快速退出应用程序，如图1-11所示。

⊙ 单击快速访问工具栏中的程序图标 ⊞，然后在弹出的菜单中选择【关闭】命令，如图1-12所示。

⊙ 按Alt+F4组合键退出程序。

图1-11 单击【关闭】按钮

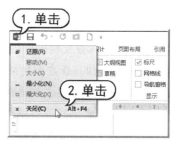

图1-12 选择【关闭】命令

1.4 Office 文档的常用设置

在Office操作过程中，经常需要打开以前的文件继续进行编辑及修改。为了工作方便或其他需要，通常需要设置文档的默认打开位置、文档的自动保存时间和最近使用文档的数目等。

下面以Word为例介绍设置文档位置、自动保存和文档加密等操作。

1.4.1 设置打开文档的默认位置

在Office中打开文件时有默认的位置，用户可以根据个人的使用需要，将默认打开文件的位置设置为经常使用的文件夹下。

【例1-3】修改打开文档的默认位置。

(1) 单击【文件】按钮，在左侧的菜单中单击【选项】命令，打开【Word选项】对话框，单击【保存】选项，单击【默认本地文件位置】选项右侧的【浏览】按钮，如图1-13所示。

(2) 在打开的【修改位置】对话框中单击【查找范围】下拉按钮，可以在里面选择打开文档的默认位置，如图1-14所示，设置好后单击【确定】按钮，即可修改默认打开文档的位置。

图1-13 单击【浏览】按钮

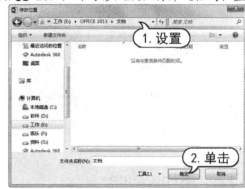

图1-14 修改打开文件的默认位置

1.4.2 设置文档的自动保存时间

在Office操作过程中，为了防止意外事件发生导致数据发生错误，用户可以根据个人需要设置不同的自动保存时间，定期对文档进行自动保存，从而避免数据的丢失。

【例1-4】设置自动保存文档的间隔时间。

(1) 单击【文件】按钮，在左侧的菜单中选择【选项】命令，打开【Word选项】对话框。

(2) 在【Word选项】对话框左侧选择【保存】选项，在右侧选中【保存自动恢复信息时间间隔】复选框，然后在其右侧的调整框中输入一个时间值，如图1-15所示。确定后，Word将每隔指定的时间自动保存可供恢复的文档。

计算机 基础与实训教材系列

①.4.3　设置自动恢复文档的位置

用户不仅可以设置文档自动保存的时间，也可以设置自动恢复文档的位置，具体操作步骤如下。

【例1-5】修改自动恢复文档的位置。

(1) 单击【文件】按钮，在左侧的菜单中选择【选项】命令，打开【Word选项】对话框。

(2) 选择【Word选项】对话框左侧的【保存】选项，单击【自动恢复文件位置】右侧的【浏览】按钮，如图1-16所示。

(3) 在打开的【修改位置】对话框中选择好位置后，单击【确定】按钮，即可设置自动恢复文件的位置。

图1-15　设置文档自动保存时间

图1-16　设置自动恢复文档的位置

①.4.4　设置默认保存文档格式

Office的文档在保存时可以选择不同的保存格式，以便在早期版本的Office组件中将其打开和编辑。

【例1-6】修改文档保存的默认格式。

(1) 单击【文件】按钮，在左侧的菜单中选择【选项】命令，打开【Word选项】对话框。

(2) 选择【Word选项】对话框左侧的【保存】选项，然后单击【将文档保存为此格式】右侧的三角形按钮，在打开的下拉菜单中选择一种默认的文件保存格式，如图1-17所示，然后单击【确定】按钮关闭对话框。

①.4.5　设置显示"最近使用文档"的数目

在Office的应用程序中，每次打开的文档名称都被记录在【文件】按钮对应的菜单中，下次需要打开时，可以直接选择菜单中的文档名称，即可打开该文档，有时为了工作方便和需要，可以设置在【文件】标签中更改显示打开文档的数目。

【例1-7】设置【文件】菜单中最近使用的文档数目。

(1) 单击【文件】按钮，在左侧的菜单中选择【选项】命令，打开【Word选项】对话框。

(2) 选择【Word选项】对话框左侧的【高级】选项，拖动右侧的滚动条到【显示】选项组

计算机基础与实训教材系列

中，在【显示此数目的 '最近使用的文档'】的调整框中设置新的数值，如输入25，如图1-18
所示，然后单击【确定】按钮关闭对话框。

图1-17　选择Word默认的文件保存格式

图1-18　设置最近使用的文档的数目

知识点

　　如果在【显示此数目的 '最近使用的文档'】的调整框中设置数值为0，在【文件】菜单中将清除以前打开的文档名称，并不再记录新打开的文档名称。

1.5　习题

1. Office包括哪些常用组件？

2. 安装Office包括哪两种方式？

3. 如何设置Office文档的默认打开位置？

4. 如何设置Office文档的自动保存时间？

5. 如何设置在Office文件菜单中最近使用文档的数目？

6. 如何将Office 2013的文档保存为低版本的文档？

第2章

Word 基础知识

学习目标

　　Word属于Office中最常用的一款组件，主要用于文字的处理、简单表格与图形的制作，是一款非常实用的软件。本章将详细介绍Word的基础功能及其操作，包括新建文档、插入符号和日期以及编号等功能。

本章重点

- ◉ 认识Word
- ◉ Word的文件操作
- ◉ 应用Word文档视图
- ◉ 文档的基本操作
- ◉ 插入符号和日期

2.1　认识 Word

　　Word主要是用于公文写作，处理和编辑文本信息等，在学习Word的操作前，首先需要认识和控制Word的工作界面。

2.1.1　认识 Word 2013 工作界面

　　双击桌面的Word快捷图标，或通过选择【开始】菜单中的相应命令，即可启动Word应用程序。Word 2013的工作界面主要由【快速访问】工具栏、标题栏、【窗口控制】按钮、【文件】按钮、功能区、编辑区和状态栏组成，具体分布如图2-1所示。

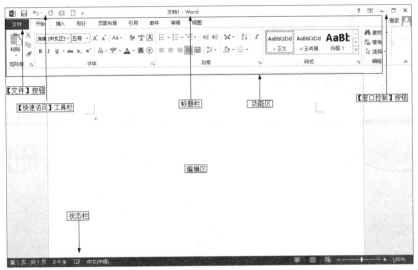

图2-1　Word 2013工作界面

计算机 基础与实训教材系列

- ⦿ 【快速访问】工具栏：该工具栏中集成了多个常用按钮，默认状态下包括【保存】、【撤消】、【恢复】按钮，用户也可以根据需要进行添加或更改。
- ⦿ 标题栏：用于显示文档的标题和类型。
- ⦿ 【窗口控制】按钮：单击其中的【最小化】按钮－、【最大化】按钮□和【关闭】按钮✕，分别用于执行窗口的最小化、最大化或关闭操作。
- ⦿ 【文件】按钮：单击该按钮，在打开的【文件】菜单中可以选择对文档执行新建、保存、打印等操作的命令。
- ⦿ 功能区：单击相应的标签，可以切换至相应的功能区选项卡，在各个功能区选项卡中提供了多种不同的操作设置选项。在每个标签对应的选项卡下，功能区中收集了相应的命令，如【开始】选项卡的功能区中收集了对字体、段落等内容设置的命令。
- ⦿ 编辑区：用户可以在此对文档进行编辑操作，制作需要的文档内容。
- ⦿ 状态栏：用于查看页数、页码，以及进行视图的切换和控制视图显示的比例。

②.1.2　控制 Word 的操作界面

在Word的【快速访问】工具栏中可以添加需要的功能按钮，以便快速完成常用的操作，还可以对功能区面板进行折叠，从而增加文本编辑区的幅面。

【例2-1】控制Word的操作界面。

(1) 双击桌面的Word快捷图标，启动Word应用程序。

(2) 单击【快速访问】工具栏右方的【自定义快速访问工具栏】按钮▾，打开【快速访问】工具栏的自定义菜单，如图2-2所示。

(3) 选择要添加的功能按钮，如【打开】和【快速打印】，即可在【快速访问】工具栏中添加需要的功能按钮，如图2-3所示。

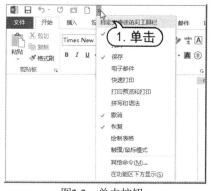

图2-2　单击按钮

图2-3　添加功能按钮

(4) 在功能区右下方单击【折叠功能区】按钮，如图2-4所示，可以对功能区进行折叠，效果如图2-5所示。

图2-4　单击【折叠功能区】按钮

图2-5　折叠功能区后的效果

(5) 折叠功能区后，在功能区标签处右击，在弹出的菜单中选择【折叠功能区】选项，取消该选项，如图2-6所示。可以重新展开功能区或者单击功能区的某一标签，在展开的功能区右下角单击【固定功能区】按钮，将功能区固定，如图2-7所示。

图2-6　取消折叠功能区

图2-7　固定功能区

②.2　Word 的文件操作

使用Word进行文档的创建和编辑之前，首先要掌握Word 的文件操作。下面将按照创建文档的顺序，依次介绍在Word中新建文档、保存文档和退出程序等操作。

②.2.1　新建文档

如果要在Word中创建一篇新的文档内容，首先需要新建一个文档对象。新建文档的方法包括创建空白文档和根据模板创建新文档。

1. 新建空白文档

在启动Word 2013应用程序时，在弹出的界面中单击【空白文档】按钮，如图2-8所示，系统将自动创建一个名为"文档1"的空白文档。用户也可以在工作过程中，使用【文件】菜单中的【新建】命令创建空白文档。

【例2-2】创建新的空白文档。

(1) 启动Word应用程序。

(2) 单击【文件】按钮，在打开的【文件】菜单中选择【新建】命令，然后单击【可用模板】列表中的【空白文档】选项，如图2-8所示。

(3) 执行上述操作后，即可创建一个空白文档，用户可在其中进行文档编辑，如图2-9所示。

图2-8　单击【空白文档】按钮

图2-9　通过命令新建文档

2. 新建模板文档

新建模板文档就是根据现有模板创建新的文档。模板文档为用户提供了多项已设置完成后的文档效果，用户只需要对其中的内容进行修改即可，从而提高了工作效率。

【例2-3】新建简历模板文档。

(1) 在Word中单击【文件】按钮，在打开的菜单中选择【新建】命令，然后单击模板列表中的【原创简历】选项，如图2-10所示。

(2) 执行上述操作后，即可创建如图2-11所示的简历文档，用户在此基础上只需要进行简单的修改，即可快速完成需要的文档。

图2-10　单击【原创简历】选项

图2-11　创建后的文档

2.2.2 保存文档

创建好文档后，用户应及时将其保存，否则会因为断电或误操作造成文件、数据丢失。保存文档有两种方式：一种是将文档保存在原来的位置中，也就是使用【保存】命令来实现文档的保存；另一种是将文档另外保存在其他位置，这是采用【另存为】命令来实现文档的保存，此方法可用于为现有文档做备份文件，避免因修改丢失原有数据。

【例2-4】保存简历文档。

(1) 在【例2-3】创建的模板文档中单击【文件】按钮，在打开的【文件】菜单中选择【保存】命令，如图2-12所示。

(2) 打开【另存为】对话框，在【保存位置】下拉列表中选择文件保存的位置，输入文件名【个人简历】，然后单击【保存】按钮，如图2-13所示。

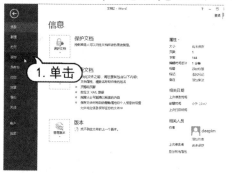

图2-12 选择【保存】命令

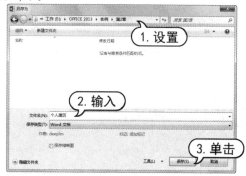

图2-13 选择保存位置

(3) 执行上述操作后，当前文档窗口的标题栏名称将更改为相应的名称，如图2-14所示。

图2-14 文档另存为后的效果

> **提示**
>
> 单击【快速访问】工具栏中的【保存】按钮📄，或按 Ctrl+S 组合键保存现有文档(即已保存过的文档)时，会直接进行保存，该操作不会弹出【另存为】对话框，如果要对已有文档进行另存，则需要在【文件】菜单中选择【另存为】命令。

2.2.3 打开文档

当电脑中存在用户需要的Word文档时，则可以使用双击文档或是通过【打开】命令两个常用方法打开文档。

【例2-5】打开【新学期致辞】文档。

(1) 启动Word应用程序，单击【文件】按钮，在【文件】菜单中选择【打开】命令。

(2) 打开【打开】对话框，在【查找范围】下拉列表中选择要打开文件的位置，再选择需要打开的文档，如图2-15所示的【新学期致辞】文档，然后单击【打开】按钮。

(3) 执行上述操作后，即可在Word窗口中打开【新学期致辞】文档，如图2-16所示。

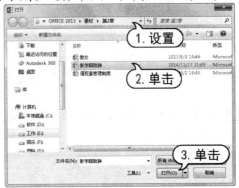

图2-15　选择要打开的文档

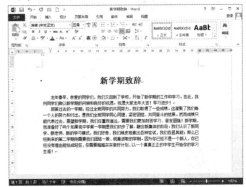

图2-16　打开文档后的效果

②.2.4　关闭文档

在完成文档的编辑并保存后，可以通过单击窗口右上方的【关闭】按钮✖，退出Word应用程序从而关闭当前文档，也可以只关闭当前文档而不退出应用程序，其方法是单击【文件】按钮，在弹出的【文件】菜单中选择【关闭】命令。

②.3　应用 Word 文档视图

视图就是文档的显示方式。Word提供了多种视图方式，用户可根据自己的需要设置不同的视图方式，以方便对文档进行查看。

②.3.1　设置视图方式

设置文档视图方式有两种方法：一是单击视图快捷方式图标；二是在【视图】选项卡下进行设置。

● 单击视图快捷方式图标：在状态栏右侧单击视图快捷方式图标，即可选择相应的视图模式，如图2-17所示。

● 在【视图】选项卡下设置：单击【视图】选项卡，在【视图】组中单击需要的视图模式按钮，如图2-18所示。

图2-17 单击视图图标　　　　　　图2-18 选择视图方式

2.3.2 认识各种视图

Word提供了5种视图方式，包括页面视图、阅读版式视图、Web版式视图、大纲视图和草稿视图，各种视图的功能如下。

- 页面视图：该视图是使文档就像在稿纸上一样，在此方式下所看到的内容和最后打印出来的结果几乎完全一样。要对文档对象进行各种操作，要添加页眉、页脚等附加内容，都应在页面视图方式下进行。如图2-19所示为文档的页面视图效果。
- 阅读版式视图：在该视图模式下，可在屏幕上分为左右两页显示文档内容，使文档阅读起来清晰、直观。进入阅读视图后，按Esc键，即可返回页面视图。如图2-20所示为阅读版式视图效果。

图2-19 页面视图　　　　　　图2-20 阅读版式视图

- Web版式视图：该视图是以网页的形式来显示文档中的内容，文档内容不再是一个页面，而是一个整体的Web页面。Web版式具有专门的Web页编辑功能，在Web版式下得到的效果就像是在浏览器中显示的一样。如果使用Word编辑网页，就要在Web版式视图下进行，因为只有在该视图下才能完整显示编辑网页的效果。如图2-21所示为Web版式视图的显示效果。
- 大纲视图：该视图比较适合较多层次的文档,在大纲视图中用户不仅能查看文档的结构,还可以通过拖动标题来移动、复制和重新组织文本,如图2-22所示为大纲视图显示效果。

图2-21　Web版式视图

图2-22　大纲视图

 知识点

大纲视图可以通过折叠文档来查看主要标题，或者展开文档以查看所有标题和正文。首先将光标放在需要折叠的级别前，然后在【大纲】选项卡中单击【折叠】按钮➖，单击一次折叠一级。若要重新显示文本，可单击【展开】按钮➕。

● 草稿视图：该视图取消了页面边距、分栏、页眉页脚和图片等元素，仅显示标题和正文，是最节省计算机系统硬件资源的视图方式。当然现在计算机系统的硬件配置都比较高，基本上不存在由于硬件配置偏低而使Word运行遇到障碍的问题，如图2-23所示为草稿视图显示效果。

②.3.3　视图导航窗格

导航窗格用于显示Word文档的标题大纲，用户单击导航窗格中的标题可以展开或收缩下一级标题，并且可以快速定位到标题对应的正文内容，还可以显示Word文档的缩略图。在【视图】选项卡的【显示】组中选中或取消【导航窗格】复选框，可以显示或隐藏导航窗格，如图2-24所示为在文档中显示导航窗格时的效果。

图2-23　草稿视图

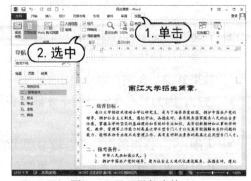

图2-24　显示导航窗格

②.3.4 设置视图显示比例

为了在编辑文档时观察得更加清晰,需要调整文档的显示比例,将文档中的内容放大或缩小。这里的放大并不是将文字或图片本身放大,而是在视觉上变大,打印文档时仍然是采用的原始大小。设置文档显示比例的常用方法有如下两种。

- 直接在文档右下方的状态栏中调节显示比例滑块,设置需要的显示比例即可。
- 单击【视图】选项卡,在【显示比例】组中单击【显示比例】按钮,如图2-25所示,打开【显示比例】对话框,在【显示比例】选项区域中选择需要的比例选项,也可以调节【百分比】数值框,单击【确定】按钮,如图2-26所示。

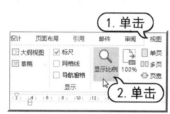

图2-25 设置显示比例

图2-26 【显示比例】对话框

②.4 文本的基本操作

掌握文本的基本操作方法,才能为后面加深学习文档的编辑处理打下良好的基础。本节将介绍文本的选定、复制、移动和删除等基本操作。

②.4.1 选定文本

在对文档中的文本进行编辑之前,首先要对编辑的文本进行选定。针对不同内容的文本应用采用不同的选择方法,以便提高选择速度。

1. 选择任意文本

打开【散文】文档,将光标移动到需要选定的文本前,按住鼠标左键向右拖动至需要选择的文本末尾,然后释放鼠标,即可选中文本,如图2-27所示。

2. 选择一行文本

将鼠标指针移至要选定行左侧空白处,当鼠标指针呈 ⊿ 形状时,单击鼠标左键即可选中该行文本,如图2-28所示。

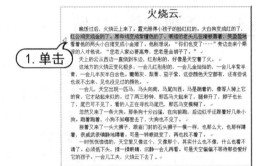

图2-27　选择任意文本　　　　　　　　图2-28　选择一行文本

3. 选择整段文本

将鼠标指针移至要选定段落左侧的空白处，当鼠标指针呈 形状时，双击鼠标左键即可选中该段文本，如图2-29所示。

4. 选择整篇文本

将鼠标指针移至文档左侧空白处，当鼠标指针呈 形状时，连续单击三次鼠标左键或按Ctrl+A组合键，即可选中整篇文本，如图2-30所示。

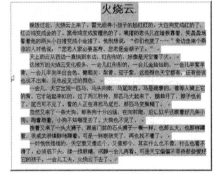

图2-29　选择整段文本　　　　　　　　图2-30　选择整篇文本

5. 选择长文本

将光标定位到要选择文本的起始处，按住Shift键不放，在文本末尾单击，即可选中长文本，如图2-31所示。

6. 选择不连续文本

选中要选择的第一处文本，按住Ctrl键的同时选择其他文本，如图2-32所示。

7. 选择文本块

在按住Alt键的同时，向右下方拖动鼠标，可选中鼠标经过区域的文本块，如图2-33所示。

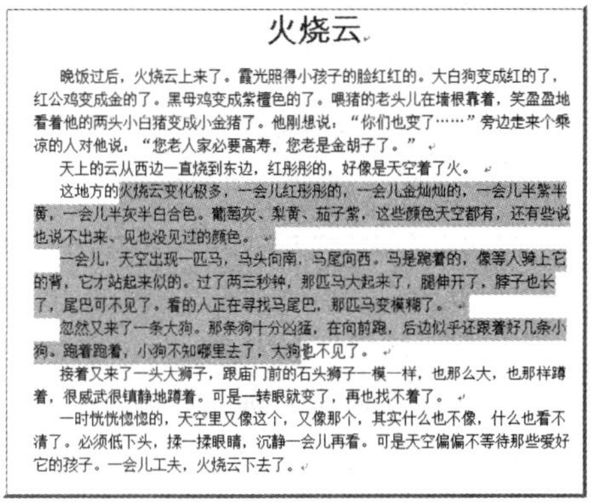

火烧云

晚饭过后，火烧云上来了。霞光照得小孩子的脸红红的。大白狗变成红的了，红公鸡变成金的了。黑母鸡变成紫檀色的了。喂猪的老头儿在墙根靠着，笑盈盈地看着他的两头小白猪变成小金猪了。他刚想说：“你们也变了……”旁边走来个乘凉的人对他说：“您老人家必要高寿，您老是金胡子了。”

天上的云从西边一直烧到东边，红彤彤的，好像是天空着了火。

这地方的火烧云变化极多，一会儿红彤彤的，一会儿金灿灿的，一会儿半紫半黄，一会儿半灰半白合色。葡萄灰、梨黄、茄子紫，这些颜色天空都有，还有些说也说不出来、见也没见过的颜色。

一会儿，天空出现一匹马，马头向南，马尾向西。马是跪着的，像等人骑上它的背，它才站起来似的。过了两三秒钟，那匹马大起来了，腿伸开了，脖子也长了，尾巴可不见了。看的人正在寻找马尾巴，那匹马变模糊了。

忽然又来了一条大狗。那条狗十分凶猛，在向前跑，后边似乎还跟着好几条小狗。跑着跑着，小狗不知哪里去了，大狗也不见了。

接着又来了一头大狮子，跟庙门前的石头狮子一模一样，也那么大，也那样蹲着，很威武很镇静地蹲着。可是一转眼就变了，再也找不着了。

一时恍恍惚惚的，天空里又像这个，又像那个，其实什么也不像，什么也看不清了。必须低下头，揉一揉眼睛，沉静一会儿再看。可是天空偏偏不等待那些爱好它的孩子。一会儿工夫，火烧云下去了。

图2-31　选择长文本

火烧云

晚饭过后，火烧云上来了。霞光照得小孩子的脸红红的。大白狗变成红的了，红公鸡变成金的了。黑母鸡变成紫檀色的了。喂猪的老头儿在墙根靠着，笑盈盈地看着他的两头小白猪变成小金猪了。他刚想说：“你们也变了……”旁边走来个乘凉的人对他说：“您老人家必要高寿，您老是金胡子了。”

天上的云从西边一直烧到东边，红彤彤的，好像是天空着了火。

这地方的火烧云变化极多，一会儿红彤彤的，一会儿金灿灿的，一会儿半紫半黄，一会儿半灰半白合色。葡萄灰、梨黄、茄子紫，这些颜色天空都有，还有些说也说不出来、见也没见过的颜色。

一会儿，天空出现一匹马，马头向南，马尾向西。马是跪着的，像等人骑上它的背，它才站起来似的。过了两三秒钟，那匹马大起来了，腿伸开了，脖子也长了，尾巴可不见了。看的人正在寻找马尾巴，那匹马变模糊了。

忽然又来了一条大狗。那条狗十分凶猛，在向前跑，后边似乎还跟着好几条小狗。跑着跑着，小狗不知哪里去了，大狗也不见了。

接着又来了一头大狮子，跟庙门前的石头狮子一模一样，也那么大，也那样蹲着，很威武很镇静地蹲着。可是一转眼就变了，再也找不着了。

一时恍恍惚惚的，天空里又像这个，又像那个，其实什么也不像，什么也看不清了。必须低下头，揉一揉眼睛，沉静一会儿再看。可是天空偏偏不等待那些爱好它的孩子。一会儿工夫，火烧云下去了。

图2-32　选择不连续文本

8. 选择词语

将光标插入到词语前或中间位置，双击即可选中该词语，如图2-34所示。

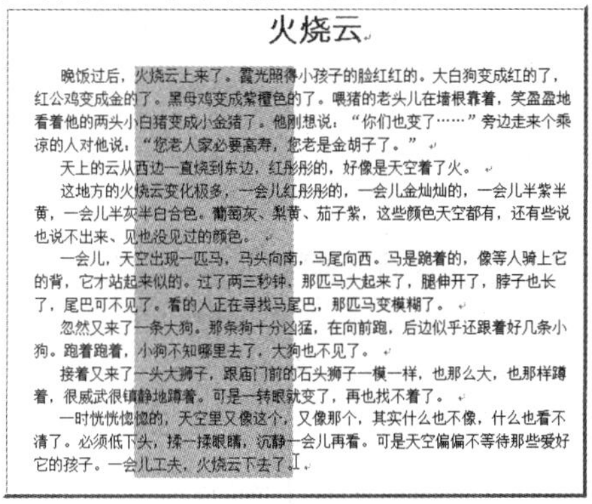

火烧云

晚饭过后，火烧云上来了。霞光照得小孩子的脸红红的。大白狗变成红的了，红公鸡变成金的了。黑母鸡变成紫檀色的了。喂猪的老头儿在墙根靠着，笑盈盈地看着他的两头小白猪变成小金猪了。他刚想说：“你们也变了……”旁边走来个乘凉的人对他说：“您老人家必要高寿，您老是金胡子了。”

天上的云从西边一直烧到东边，红彤彤的，好像是天空着了火。

这地方的火烧云变化极多，一会儿红彤彤的，一会儿金灿灿的，一会儿半紫半黄，一会儿半灰半白合色。葡萄灰、梨黄、茄子紫，这些颜色天空都有，还有些说也说不出来、见也没见过的颜色。

一会儿，天空出现一匹马，马头向南，马尾向西。马是跪着的，像等人骑上它的背，它才站起来似的。过了两三秒钟，那匹马大起来了，腿伸开了，脖子也长了，尾巴可不见了。看的人正在寻找马尾巴，那匹马变模糊了。

忽然又来了一条大狗。那条狗十分凶猛，在向前跑，后边似乎还跟着好几条小狗。跑着跑着，小狗不知哪里去了，大狗也不见了。

接着又来了一头大狮子，跟庙门前的石头狮子一模一样，也那么大，也那样蹲着，很威武很镇静地蹲着。可是一转眼就变了，再也找不着了。

一时恍恍惚惚的，天空里又像这个，又像那个，其实什么也不像，什么也看不清了。必须低下头，揉一揉眼睛，沉静一会儿再看。可是天空偏偏不等待那些爱好它的孩子。一会儿工夫，火烧云下去了。

图2-33　选择文本块

火烧云

晚饭过后，火烧云上来了。霞光照得小孩子的脸红红的。大白狗变成红的了，红公鸡变成金的了。黑母鸡变成紫檀色的了。喂猪的老头儿在墙根靠着，笑盈盈地看着他的两头小白猪变成小金猪了。他刚想说：“你们也变了……”旁边走来个乘凉的人对他说：“您老人家必要高寿，您老是金胡子了。”

天上的云从西边一直烧到东边，红彤彤的，好像是天空着了火。

这地方的火烧云变化极多，一会儿红彤彤的，一会儿金灿灿的，一会儿半紫半黄，一会儿半灰半白合色。葡萄灰、梨黄、茄子紫，这些颜色天空都有，还有些说也说不出来、见也没见过的颜色。

一会儿，天空出现一匹马，马头向南，马尾向西。马是跪着的，像等人骑上它的背，它才站起来似的。过了两三秒钟，那匹马大起来了，腿伸开了，脖子也长了，尾巴可不见了。看的人正在寻找马尾巴，那匹马变模糊了。

忽然又来了一条大狗。那条狗十分凶猛，在向前跑，后边似乎还跟着好几条小狗。跑着跑着，小狗不知哪里去了，大狗也不见了。

接着又来了一头大狮子，跟庙门前的石头狮子一模一样，也那么大，也那样蹲着，很威武很镇静地蹲着。可是一转眼就变了，再也找不着了。

一时恍恍惚惚的，天空里又像这个，又像那个，其实什么也不像，什么也看不清了。必须低下头，揉一揉眼睛，沉静一会儿再看。可是天空偏偏不等待那些爱好它的孩子。一会儿工夫，火烧云下去了。

图2-34　选择词语

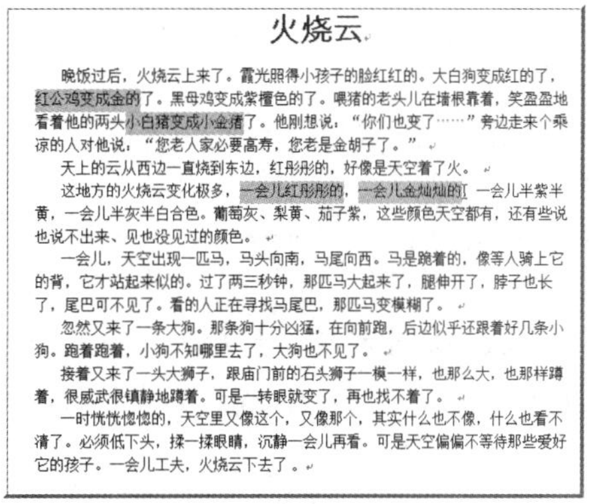

2.4.2　输入文本

在输入文档之前，必须先将插入点定位到输入的位置，待文本插入点定位好以后，切换到适合自己的输入法状态，即可在插入点处开始输入文本。下面输入一份寻人启事文档，练习汉字、标点符号、英文字母和数字等文本的输入方法，以及空格键和Enter键的作用。

【例2-6】制作“寻人启事”文档。

(1) 新建一个文档，将其另存为“寻人启事”。

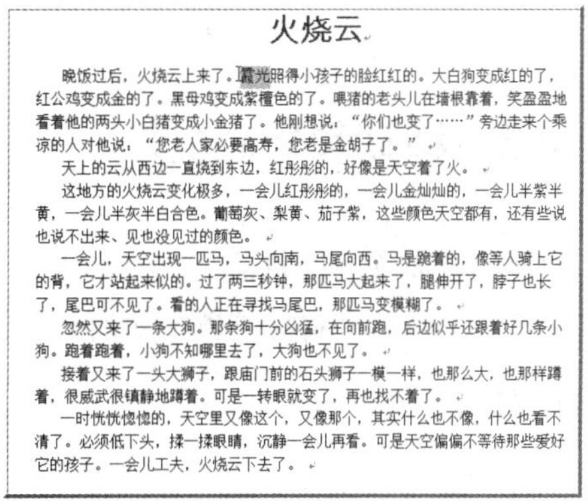

(2) 在打开的文档编辑区中单击鼠标，定位输入文本的位置，然后连续按空格键将文本插入点定位于文档第1行的中间位置，如图2-35所示。

(3) 选择适合自己的输入法，输入标题文字“寻人启事”，然后按两次Enter键换行，如图2-36所示。

图2-35 定位文本插入点　　　　　　　图2-36 输入标题

(4) 按两次空格键，然后依次输入寻人启事的正文内容，如图2-37所示。

(5) 按Enter键换行，连续按空格键到文档右下角，输入发布时间，如图2-38所示。

图2-37 输入正文内容　　　　　　　图2-38 输入日期

2.4.3 移动和复制文本

　　移动与复制文本的目的是对文本进行移动与重复使用。执行了剪切或复制的操作后，为了将选中的内容转移到目标位置，还需要进行粘贴操作。

1. 移动文本

　　移动文本可以将文本从一个位置移动到另一个位置中。首先对要移动的文本进行剪切，然后粘贴到目标位置，也可以使用拖动文本的方式直接将选中文本移动到指定的位置。

　　【例2-7】移动文本内容。

　　(1) 启动Word应用程序，打开【例2-6】制作的"寻人启事"文档。

　　(2) 选中目标文本后，使用鼠标拖动选中的区域到文本要移动的目标位置，如图2-39所示。

　　(3) 释放鼠标，即可快速完成文本的移动操作，这时可以看到文本被移动到了新的位置，如图2-40所示。

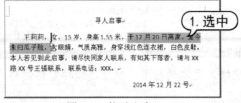

图2-39 拖动文本　　　　　　　图2-40 文本移动后的效果

　　(4) 选中要移动的文本，单击【开始】选项卡，在【剪贴板】工具组中单击【剪切】按钮✂，如图2-41所示。

　　(5) 将光标定位到文本想要移动到的位置，单击【剪贴板】工具组中的【粘贴】按钮，文本即会粘贴到新的位置，如图2-42所示。

图2-41 剪切文本

图2-42 粘贴文本

 知识点

在执行移动文本的操作之后会显示"粘贴选项"按钮，单击该按钮即弹出粘贴选项列表，用户可以选择需要的粘贴选项，包括"保留源格式"、"合并格式"、"只保留文本"、"设置默认粘贴"等选项。

2. 复制文本

复制文本是将文本从一个位置移动到另一个位置，而原位置的文本仍然存在。复制文本可以快速完成一段文本的重复输入，从而大大提高了工作效率。复制文本时，先对要复制的文本进行复制，然后粘贴到需要的位置；也可以在选中文本后，按住Ctrl键的同时，将文本拖动到指定的位置。

【例2-8】复制文本。

(1) 启动Word应用程序，打开【例2-7】制作的"寻人启事"文档。

(2) 选中需要复制的文本，单击【开始】选项卡，单击【剪贴板】组中的【复制】按钮，如图2-43所示。

(3) 此时所选文本已经复制到剪贴板中，将插入点定位到"12月20日离家"文字之前，单击【剪贴板】工具组中的【粘贴】按钮，复制文本后的效果如图2-44所示。

图2-43 复制文本

图2-44 粘贴文本

②.4.4 查找和替换文本

如果在输入完一篇较长的文档后，检查中发现把一个重要的字、词或句全部输入错误，如果逐个修改，则会花大量的时间和精力，这时使用查找与替换功能就能快速解决这个问题。在

计算机 基础与实训教材系列

Word文档中不仅可以搜索指定的文本，还可以将搜索到的文本内容替换成所要修改的内容。

1. 查找文本

使用Word的查找功能可以在文档中查找中文、英文、数字和标点符号等任意字符，查找其是否出现在文本中，以及在文本中出现的具体位置。

【例2-9】查找文档中的【春天】文本。

(1) 启动Word应用程序，打开【散文】文档。

(2) 单击【开始】选项卡，在【编辑】组中单击【查找】按钮，如图2-45所示。

(3) 此时在文档左侧将显示【导航】窗格，在搜索框中输入要搜索的文本【春天】，这时查找出来的文字会以黄色底纹显示，如图2-46所示。

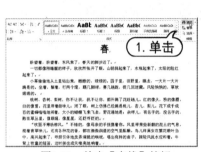

图2-45　单击【查找】按钮　　　　图2-46　查找到文本后的效果

2. 替换文本

在Word中替换文本就是将文档中查找到的某个字、词、句或段落，修改为另一个字、词、句或段落。

【例2-10】将文档中的【春天】文本替换为【春色】文本。

(1) 启动Word应用程序，打开【散文】文档。

(2) 单击【开始】选项卡，在【编辑】组中单击【替换】按钮，如图2-47所示。

(3) 打开【查找和替换】对话框，分别输入要查找的文本和需要替换的文本，如图2-48所示，然后单击【查找下一处】按钮查找到指定文本，再单击【替换】按钮，即可将查找到的文本【春天】替换为指定的文本【春色】。

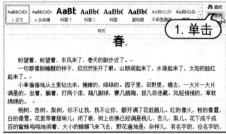

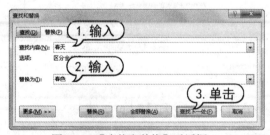

图2-47　单击【替换】按钮　　　　图2-48　【查找和替换】对话框

(4) 单击【全部替换】按钮，可以一次将所有指定的内容全部替换，系统将弹出提示对话框，提示Word已完成对文档的替换，然后单击【确定】按钮，如图2-49所示。

(5) 单击【关闭】按钮，关闭【查找和替换】对话框。返回到文档即可看到替换文本后的效果，如图2-50所示。

图2-49 提示对话框

图2-50 替换文本后的效果

 提示

按 Ctrl+F 组合键，可以快速打开【导航】窗格，进行文本的查找；按 Ctrl+H 组合键，可以快速打开【查找和替换】对话框，并切换到【替换】选项卡中。

②.4.5 删除文本

如果需要去掉文档中不需要的文本，可以选中要删除的文本，然后按Delete键或BackSpace键，即可将选中的文本删除。

 提示

在【查找和替换】对话框的【查找内容】文本框中输入文本内容；在【替换为】文本框中不输入任何内容，单击【全部替换】按钮，可以将查找的内容全部删除。

②.4.6 撤消和恢复操作

在输入文本或编辑文档时，Word会自动记录所执行过的每一步操作，若执行了错误的操作，可以通过【撤消】功能将错误的操作撤消。撤消操作主要有如下几种方法。

- ◉ 单击【快速访问】工具栏中的【撤消】按钮可撤消上一次操作，连续单击该按钮可以撤消最近执行过的多次操作。
- ◉ 单击【撤消】按钮右侧的下拉按钮，在弹出的列表框中可以选择要撤消的操作。
- ◉ 按Ctrl+Z组合键，可撤消最近一步操作，连续按Ctrl+Z组合键可撤消多步操作。

在进行撤消操作后，若想恢复以前的修改，可以使用【恢复】功能来恢复。恢复操作主要有以下几种方法。

◉ 单击【快速访问】工具栏上的【恢复】按钮，恢复上一次的撤消操作，连续单击该按钮可恢复最近执行过的多次撤消操作。

◉ 单击【恢复】按钮右侧的下拉按钮，在弹出的列表框中可以选择要恢复的操作。

◉ 按Ctrl+Y组合键，可恢复最近一步撤消操作，连续按Ctrl+Y组合键可恢复多步撤消操作。

②.5 插入符号和日期

在日常工作中经常需要在文档中插入符号和日期，本节将介绍在文档中插入符号和日期的操作方法。

②.5.1 插入符号

在【符号】对话框可以插入键盘上没有的符号或特殊字符，还可以插入Unicode字符。插入符号的操作方法如下。

【例2-11】在文档中插入符号。

(1) 启动Word应用程序，打开【数码相机操作事项】文档。

(2) 将光标定位在第二段文字之前，单击【插入】选项卡，在【符号】组中单击【符号】下拉按钮，在弹出的下拉列表中选择【其他符号】选项，如图2-51所示。

(3) 在打开的【符号】对话框中单击选中要插入的符号，然后单击【插入】按钮，如图2-52所示。

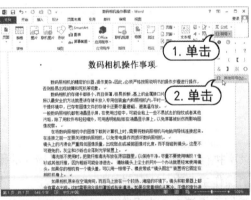

图2-51 选择【其他符号】选项

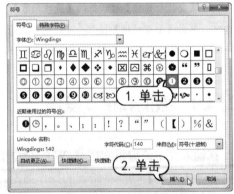

图2-52 选择要插入的符号

(4) 完成符号的插入后，单击【取消】按钮返回文档，可以看到已经插入的符号效果，如图2-53所示。

(5) 采用相同的方法在文档不同的位置插入多个符号，效果如图2-54所示。

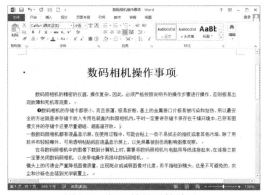 

图2-53　插入符号后的效果　　　　　　　图2-54　插入多个符号后的效果

②.5.2　插入日期和时间

如果需要在文档中插入日期和时间，可以不必手动输入，只需通过【日期和时间】对话框插入即可。

【例2-12】在文档末尾插入日期和时间。

(1) 启动Word应用程序，打开【值班室管理制度】文档。

(2) 将光标移动到文档的末尾位置，单击【插入】选项卡，在【文本】组中单击【日期和时间】按钮，如图2-55所示。

(3) 打开【日期和时间】对话框，在【可用格式】列表框中选择需要插入的日期格式，然后单击【确定】按钮，如图2-56所示。

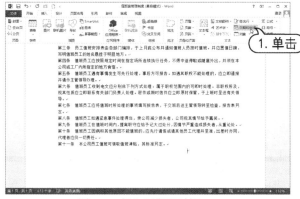 

图2-55　插入日期和时间　　　　　　　图2-56　选择日期格式

(4) 插入日期后返回文档中，可以看到已经插入了当前日期的效果，如图2-57所示。

(5) 打开【日期和时间】对话框，在【可用格式】列表框中选择需要插入的时间格式并确定，插入当前的时间，效果如图2-58所示。

第四条　值班员工应按照规定时间在指定场所连续执行任务，不得中途停駐或随意外出，并须在本公司或工厂内所指定的地方食宿。
第五条　值班员工遇有事情发生可先行报告，事后方可报告。如遇其职权不能处理，应立即通报并请示主管领导办理。
第六条　值班员工收到电文分别依下列方式处理：属于职权范围内的可即时处理。非职权所及，视其性质应立即联系有关部门负责人处理。密件或限时信件应立即原时保管，于上班时呈送有关领导。
第七条　值班员工应将值班时所处理的事项填写报告表，于交班后送主管领导转呈检查，报告表另定。
第八条　值班员工如遇紧急事件处理得当，使公司减少损失者，公司视其情节给予嘉奖。
第九条　值班员工在值班时间内，擅离职守应给予记大过处分，因情节严重造成损失者，从重论处。
第十条　值班员工因病和其他原因不能值班的，应先行请假或请其他员工代理并呈准，出差时亦同，代理者应负一切责任。
第十一条　本公司员工值班可领取值班津贴，其标准另定。

12/18/2014

图2-57　插入日期后的效果

第四条　值班员工应按照规定时间在指定场所连续执行任务，不得中途停駐或随意外出，并须在本公司或工厂内所指定的地方食宿。
第五条　值班员工遇有事情发生可先行报告，事后方可报告。如遇其职权不能处理，应立即通报并请示主管领导办理。
第六条　值班员工收到电文分别依下列方式处理：属于职权范围内的可即时处理。非职权所及，视其性质应立即联系有关部门负责人处理。密件或限时信件应立即原时保管，于上班时呈送有关领导。
第七条　值班员工应将值班时所处理的事项填写报告表，于交班后送主管领导转呈检查，报告表另定。
第八条　值班员工如遇紧急事件处理得当，使公司减少损失者，公司视其情节给予嘉奖。
第九条　值班员工在值班时间内，擅离职守应给予记大过处分，因情节严重造成损失者，从重论处。
第十条　值班员工因病和其他原因不能值班的，应先行请假或请其他员工代理并呈准，出差时亦同，代理者应负一切责任。
第十一条　本公司员工值班可领取值班津贴，其标准另定。

12/18/2014　15:50

图2-58　插入时间后的效果

2.6　上机练习

本节上机练习将通过制作【通知】文档和将文字粘贴为图片两个练习，帮助读者进一步加深对本章知识的掌握。

2.6.1　制作【通知】文档

本练习将通过制作【通知】文档，详细讲解文本输入和插入日期的方法，巩固本章学习的知识点。

(1) 启动Word应用程序，新建一个Word空白文档，然后将其另存为【通知】文档，如图2-59所示。

(2) 将光标定位到文档的第一行，然后输入文本【通知】，如图2-60所示。

图2-59　新建和保存文档

图2-60　输入标题文本

(3) 按Enter键，将光标定位到第二行，然后依次输入通知的具体内容，如图2-61所示。

(4) 按Enter键进行换行，按空格键将光标移动到文档右侧，然后单击【插入】选项卡，在【文本】组中单击【日期和时间】按钮，如图2-62所示。

(5) 打开【日期和时间】对话框，选择语言为【中文(中国)】，然后选择第三种格式，如图2-63所示。

(6) 单击【确定】按钮，返回到文档即可看到插入日期后的效果，如图2-64所示。

计算机
基础与实训教材系列

图2-61　输入正文内容

图2-62　单击【日期和时间】按钮

图2-63　选择日期格式

图2-64　插入日期后的效果

(7) 单击【快速访问】工具栏中的【保存】按钮对【通知】文档进行保存。

2.6.2　将文本粘贴为图片

在日常办公中，有时为了防止Word文档内容被篡改，会为它加上相应的密码，但这些密码的使用较为复杂，而且如果用一份加了密码的文档作为公司的宣传文档，也会很不方便。这时可以将文档中的文字、表格等转为图片。

(1) 打开前面创建的【通知】文档，然后新建一个文档并将其另存为【通知拷贝】。

(2) 选中【通知】文档中的全部内容，单击【开始】选项卡，在【剪贴板】组中单击【复制】按钮，如图2-65所示。

(3) 切换到【通知拷贝】文档，单击【开始】选项卡，在【剪贴板】组中单击【粘贴】下拉按钮，在展开的列表中选择【选择性粘贴】选项，如图2-66所示。

图2-65　复制文本

图2-66　选择性粘贴文本

计算机基础与实训教材系列

(4) 弹出【选择性粘贴】对话框,单击选中【图片(增强型图元文件)】选项,然后单击【确定】按钮,如图2-67所示。

(5) 返回到文档即可看到文本内容被粘贴为不可修改的图片,如图2-68所示。

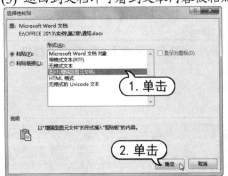

图2-67　选择图片选项

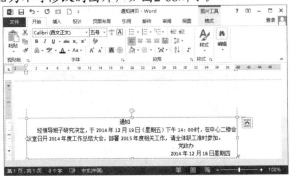

图2-68　文本粘贴为图片后的效果

2.7　习题

1. 何为视图?Word提供了哪几种视图方式?

2. 在Word中有哪几种选择文本的方式?

3. 如果在文档中存在大量多余且相同的文字,可以使用什么方法将其准确、快速删除?

4. 如果在操作中不小心将需要的文本删除了,应该怎么办?

5. 如果要移动文本,应该怎么操作?如果要复制文本,又应该怎么操作?

6. 新建一个Word模板文档,在模板列表中选择【简历】选项,如图2-69所示。然后根据具体情况修改模板中的内容,再将其另存为【简历】文档,如图2-70所示。

图2-69　选择模板文件

图2-70　修改模板

7. 打开【照明设计】文档,如图2-71所示。使用查找和替换功能,快速将文档中的【灯光】文字全部修改为【照明】文字,如图2-72所示。

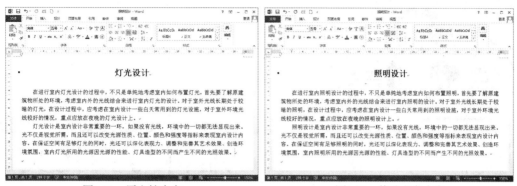

图2-71　原文档内容　　　　　　　　　　　　图2-72　修改文字内容

第3章　编辑与美化文档

学习目标

对文档进行格式化操作，可以起到美化文档的作用。对文档进行格式化操作主要是指设定字符的字体、字型和字号等字体格式，设定段落的缩进方式和对齐方式，以及设置字间距和行间距等。用户可以使用Word方便快捷地制作出各种漂亮的文档。

本章重点

- ◉ 设置文本格式
- ◉ 设置段落格式
- ◉ 设置项目符号和编号
- ◉ 设置边框和底纹
- ◉ 使用样式快速格式化文档
- ◉ 应用格式刷

3.1　设置文本格式

设置文本格式是格式化文档最基本的操作，包括设置文本字体格式、字形、字号和颜色等。设置后的文本可以使文档看起来更加美观、整洁。

3.1.1　设置文本字体格式

设置文本字体格式包括其字体、字形、字号及颜色等。可以通过3种常用的方法设置文本的字体格式，分别是在【开始】选项卡中进行设置、在浮动工具栏中进行设置以及在【字体】对话框中进行设置。

1. 在【开始】选项卡中设置字体格式

【例3-1】在【开始】选项卡中设置文本字体和大小。

(1) 启动Word应用程序，打开【员工考勤制度】文档。

(2) 选中标题文本，选择【开始】选项卡，单击【字体】组中的【字体】下拉按钮▼，在弹出的下拉列表中选择【华文隶书】选项，如图3-1所示。

(3) 单击【字体】组中的【字号】下拉按钮▼，在弹出的下拉列表中选择【26】磅，如图3-2所示。

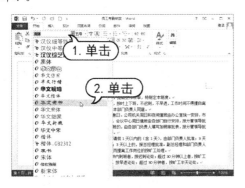

图3-1　选择字体

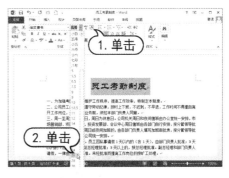

图3-2　选择字号

 提示

　　选择要设置的文字，直接在【字号】文字框中输入数字，可以自行设置文字的大小。

2. 在【浮动】工具栏中设置字体格式

【例3-2】在【浮动】工具中设置字体加粗和颜色。

(1) 启动Word应用程序，打开【例3-1】制作的【员工考勤制度】文档。

(2) 选中标题文本，在鼠标指针上方会自动出现一个浮动工具栏，单击工具栏中的【加粗】按钮**B**，可以将选中的文本加粗，如图3-3所示。

(3) 单击浮动工具栏中的【字体颜色】下拉按钮▲▼，在弹出的下拉列表中选择【红色】，如图3-4所示。

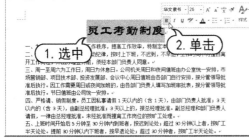

图3-3　单击【加粗】按钮

图3-4　设置文本颜色

计算机 基础与实训教材系列

3. 在【字体】对话框中设置字体格式

【例3-3】在【字体】对话框中设置文本的字体和字形。

(1) 启动Word 应用程序，打开【例3-2】制作的【员工考勤制度】文档。

(2) 选中全部的正文文字，然后单击鼠标右键，在弹出的快捷菜单中选择【字体】命令，如图3-5所示。

(3) 在打开的【字体】对话框中选择【字体】选项卡，然后在【中文字体】下拉列表框中选择【楷体】，在【字形】列表框中选择【倾斜】选项，在【字号】文字框中输入字号为16，如图3-6所示。

图3-5　选择【字体】选项　　　　　图3-6　设置字体

(4) 在【字体】对话框中单击【确定】按钮，返回到文档即可查看为选中文字设置字体格式后的效果，如图3-7所示。

图3-7　设置字体格式后的效果

提示

选中要设置的文本后，单击【字体】组中右下角的对话框启动器按钮，可以打开【字体】对话框，也可以按 Ctrl+D 组合键打开【字体】对话框。

③.1.2　设置文本字符间距

当需要将某段文字之间的间距加大或缩紧时，可以通过调整字符间距来实现，具体操作方法如下。

【例3-4】设置文本字符间距。

(1) 打开【例3-3】制作的【员工考勤制度】文档。

(2) 选中标题文本并右击，在弹出的快捷菜单中选择【字体】命令。

(3) 在打开的【字体】对话框中选择【高级】选项卡，然后单击【缩放】下拉按钮，在弹出的下拉列表中选择【150%】，再单击【间距】下拉按钮，在弹出的下拉列表中选择【加宽】，在右侧的【磅值】文本框中输入【3磅】，如图3-8所示。

(4) 单击【确定】按钮，返回文档即可查看为选中文本设置字符间距后的效果，如图3-9所示。

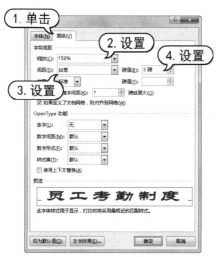

图3-8　设置字符间距

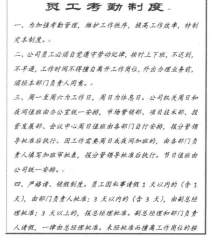

图3-9　设置字符间距后的效果

③.1.3　设置首字下沉

在报刊杂志中经常可以看到首字下沉、首字悬挂等效果，这并非只有专业的排版工具能够做到，在Word中一样可以轻松实现。下面以设置首字下沉效果为例进行讲解，设置首字悬挂效果的操作方法与之相似。

【例3-5】设置首字下沉效果。

(1) 打开【情人节的故事】文档，将光标放在要设置首字下沉的段落文本中，例如，将光标放置在第一段文本的末尾处，如图3-10所示。

(2) 单击【插入】选项卡，在【文本】组中单击【首字下沉】下拉按钮，在弹出的下拉列表中选择【下沉】选项，即可为第一段的首字设置下沉效果，如图3-11所示。

(3) 若要详细设置首字下沉格式，则需要在【首字下沉】对话框中进行操作。单击【首字下沉】下拉按钮，在弹出的下拉列表中选择【首字下沉选项】选项。

(4) 在打开的【首字下沉】对话框中选择【下沉】选项，在【下沉行数】文本框中输入首字下沉的行数为【2】，设置【距正文】为【0.5厘米】按钮，如图3-12所示。

(5) 单击【确定】按钮，完成首字下沉的设置，返回到文档中可以查看设置下沉格式的效果，如图3-13所示。

图3-10　放置光标

图3-11　选择【下沉】选项

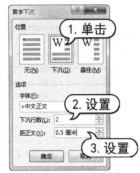

图3-12　设置首字下沉参数

图3-13　设置首字下沉后的效果

 提示 ------------------------------------

　　在设置首字下沉之前，可以使用右缩进的方式调整首字的位置，但是不能在首字之前输入空格，否则无法进行首字下沉操作。

3.2　设置段落格式

　　设置段落格式是指在一个段落的页面范围内对内容进行排版，使得整个段落显得美观大方，更符合规范。

3.2.1　设置段落对齐方式

　　段落对齐方式是指段落在水平方向上以何种方式对齐。段落文本的对齐方式有【左对齐】、【居中】、【右对齐】、【两端对齐】和【分散对齐】等5种。

- 左对齐方式是指段落在页面上靠左对齐排列，左对齐的快捷键是Ctrl+L。
- 居中对齐方式能使整个段落在页面上居中对齐排列，居中对齐的快捷键是Ctrl+E。
- 右对齐方式能使整个段落在页面中靠右对齐排列，右对齐的快捷键是Ctrl+R。
- 两端对齐是指段落每行的首尾对齐，各行之间字体大小不同时，将自动调整字符间距，以保持段落的两端对齐，这是Word默认的对齐方式。两端对齐的快捷键是Ctrl+J。

⊙ 分散对齐是Word提供的一种特殊的文字对齐方式，它主要是通过自动调整文字之间的距离来达到各个单元格中文本对齐的目的。分散对齐的快捷键是Ctrl+Shift+J。

【例3-6】在文档中设置段落文本的对齐方式。

(1) 打开【昆虫】文档，文本正文内容为左对齐效果，如图3-14所示。

(2) 选中标题文本，单击【开始】选项卡，在【段落】组中单击【居中】按钮，效果如图3-15所示。

　　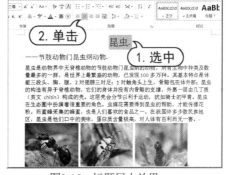

图3-14　打开文档　　　　　　　　图3-15　标题居中效果

(3) 选中副标题文本，单击【段落】组中的【右对齐】按钮，效果如图3-16所示。

(4) 选中正文文本，单击【段落】组中的【两端对齐】按钮，效果如图3-17所示。

图3-16　副标题右对齐效果　　　　图3-17　正文两端对齐效果

(5) 选中正文文本，单击【段落】组中的【分散对齐】按钮，效果如图3-18所示。

(6) 选中下方的图片，单击【段落】组中的【分散对齐】按钮，效果如图3-19所示。

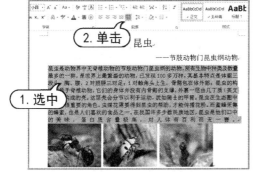　　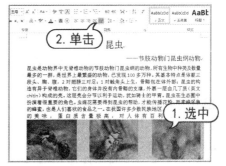

图3-18　正文分散对齐效果　　　　图3-19　图片分散对齐效果

③2.2　设置段落缩进

段落缩进是指文本与页边距之间的距离，是将段落文本左右两方空出几个字符。段落缩进包括首行缩进、悬挂缩进、左缩进和右缩进4种方式。下面以设置首行缩进和悬挂缩进为例进行介绍。

【例3-7】设置文档的首行缩进和悬挂缩进。

(1) 打开【段落对齐】文档，选中第一段正文文本并右击，在弹出的快捷菜单中选择【段落】命令，如图3-20所示。

(2) 在打开的【段落】对话框中单击【特殊格式】下拉按钮，在下拉列表框中选择【首行缩进】选项，在【磅值】数值框中设置磅值为【2字符】，如图3-21所示。

图3-20　选择【段落】选项

图3-21　设置首行缩进

(3) 单击【段落】对话框中的【确定】按钮，返回到文档即可看到为选中文本设置首行缩进的效果，如图3-22所示。

(4) 单击【视图】选项卡，在【显示】组中选中【标尺】复选框，显示标尺对象。然后选中后面5段文本，在【标尺】栏中将悬挂缩进滑动块向右拖动两个字符，效果如图3-23所示。

图3-22　首行缩进效果

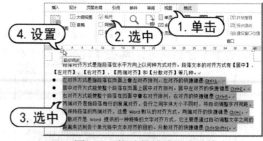

图3-23　拖动悬挂缩进滑动块

 提示

拖动【标尺】栏中的【首行缩进】、【左缩进】和【右缩进】滑动块，可以快速地设置文本对应的缩进效果，也可以在【段落】对话框中准确设置这些缩进。

3.2.3　设置段落间距和行距

段落间距是指相邻两个段落之间的距离，行距指行与行之间的距离，下面就来学习设置段落间距和行距的具体操作方法。

【例3-8】设置文档的段落间距和行间距。

(1) 打开【歌声】文档。选中全部正文文本，单击【段落】组中右下角的【段落设置】按钮，如图3-24所示。

(2) 打开【段落】对话框，在【间距】选项组中设置【段前】、【段后】数值框中的数值为【1行】，如图3-25所示。

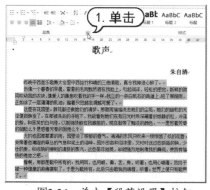

图3-24　单击【段落设置】按钮

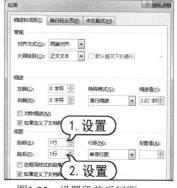

图3-25　设置段前后间距

(3) 单击【段落】对话框中的【确定】按钮返回文档，此时即可看到选定段落后均增加了一个空行，效果如图3-26所示。

(4) 选中全部正文文本，单击【段落】组中右下角的【段落设置】按钮，打开【段落】对话框，在【间距】选项组中单击【行距】下拉按钮，在弹出的下拉列表中选择【多倍行距】选项，设置行距值为【1.25】，如图3-27所示。

图3-26　设置段间距后的效果

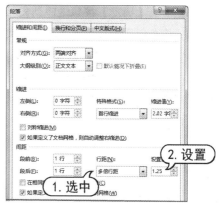

图3-27　设置行间距

(5) 单击【段落】对话框中的【确定】按钮返回文档，此时即可看到选中文本的行距从单行变为了1.25倍，如图3-28所示。

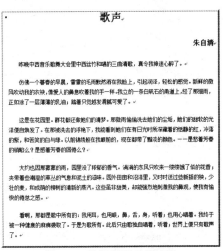

图3-28　设置行距后的效果

提示

在 Word 中，除了可以使用字符和行作为度量单位外，还可以使用【英寸】、【厘米】、【毫米】、【磅】等作为度量

③2.4　设置换行和分页

当文字或图形填满一页时，Word会插入一个自动分页符，并开始新的一页。如果要将一页中的文档分为多页，需要在特定位置设定分页符进行分页。同样，可以通过设定分行符将一行文字分行的多行文字。

【例3-9】对文本进行换行和分页。

(1) 打开【例3-8】制作的【歌声】文档。

(2) 将光标置于正文第三段文本之前，单击【段落】组中右下角的【段落设置】按钮，打开【段落】对话框，选择【换行和分页】选项卡，选中【分页】选项组中的【段前分页】复选框，如图3-29所示。

(3) 单击【确定】按钮返回到文档，即可看到第三段及后面的文本分到了下一页中。

(4) 将光标置于正文第二段首行文本的【新鲜】文字之前，如图3-30所示。

图3-29　选中【段前分页】复选框

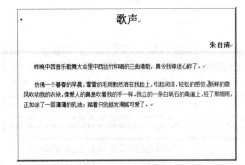

图3-30　放置光标

(5) 按Shift+Enter组合键，即可将第二段首行文本分为两行，如图3-31所示。

昨晚中西音乐歌舞大会里中西丝竹和唱的三曲清歌，真令我神迷心醉了。

仿佛一个暮春的早晨，霏霏的毛雨默然洒在我脸上，引起润泽，轻松的感觉。
新鲜的微风吹动我的衣袂，像爱人的鼻息吹着我的手一样。我立的一条白矾石的甬道上，经了那细雨，正如涂了一层薄薄的乳油；踏着只觉越发滑腻可爱了。

图3-31　设置分行后的效果

③ 2.5　设置制表位

　　制表位是指在水平标尺上的位置，用于指定文字缩进的距离或一栏文字开始之处。制表位的三要素包括制表位位置、制表位对齐方式和制表位的前导字符。

　　【例3-10】为唐诗设置制表位。

　　(1) 新建一个空白文档，并显示标尺对象，然后将其另存为【静夜思】。

　　(2) 单击水平标尺最左端的【制表符】 ，开始切换制表符种类，将其切换为【居中式制表符】 ，如图3-32所示。

　　(3) 在水平标尺的【16】位置单击插入制表符。接着在文档的首行输入【静夜思】文本，如图3-33所示。

图3-32　切换制表符

图3-33　设置制表符位置

　　(4) 将光标移动到文字前面，然后按Tab键，这时该段文本就会与已设置的制表符对齐，如图3-34所示。

　　(5) 按Enter键进行换行，输入《静夜思》唐诗的全部内容，并将光标分别移到每句文字前面，并按Tab将文字与制表符对齐，如图3-35所示。

图3-34　将文字与制表符对齐

图3-35　将文字与制表符对齐

计算机基础与实训教材系列

3.3 设置项目符号和编号

在Word文档中使用项目符号和编号，可以更加明确地表达内容之间的并列关系、顺序关系等，使文档条理清晰、重点突出。用户可以在文档中添加已有的项目符号和编号，也可以自定义项目符号和编号。

3.3.1 设置项目符号

Word拥有强大的编号功能，可以轻松地给要列举出来的文字添加项目符号，另外，用户还可以自定义项目符号。

【例3-11】为文档设置项目符号。

(1) 打开【名言警句】文档。

(2) 选中文档中的全部内容，单击【开始】选项卡，在【段落】组中单击【项目符号】下拉按钮，在弹出的下拉列表中选择符号◆，如图3-36所示，为选中段落设置指定项目符号后的效果如图3-37所示。

图3-36 选择项目符号

图3-37 设置项目符号后的效果

(3) 下面进行自定义项目符号效果。选中全部文本，单击【项目符号】下拉按钮，在弹出的下拉列表中选择【定义新项目符号】选项。在打开的【定义新项目符号】对话框中单击【符号】按钮，如图3-38所示。

(4) 在打开的【符号】对话框中选择需要的符号效果，然后确定，如图3-39所示。

图3-38 【定义新项目符号】对话框

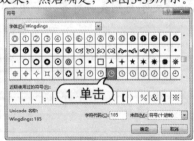

图3-39 选择符号效果

(5) 返回到【定义新项目符号】对话框中，单击【确定】按钮，即可看到设置项目符号后的效果，如图3-40所示。

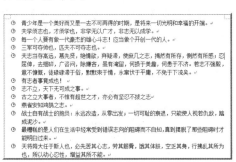

图3-40 设置项目符号后的效果

 提示

如果要将项目符号设置为图片效果，可以在【定义新项目符号】对话框中单击【图片】按钮，然后选择需要的图片作为项目符号。

③3.2 设置编号

设置编号的方法与设置项目符号类似，就是将项目符号变成顺序排列的编号，它主要用于文本中的操作步骤、主要知识点以及合同条款等。

【例3-12】为文档设置编号。

(1) 打开【中小学生守则】文档。

(2) 选中除标题外的所有文本，单击【开始】选项卡，在【段落】组中单击【编号】按钮，在弹出的下拉列表中选择第一种数字编号样式，如图3-41所示。

(3) 返回到文档即可看到设置数字编号后的效果，如图3-42所示。

图3-41 选择编号样式

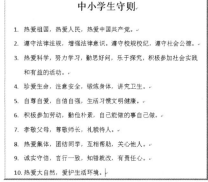

图3-42 设置编号后的效果

③3.3 设置多级列表

为了使长文档结构更明显，层次更清晰，经常需要给文档设置多级列表。使用多级列表在展示同级文档内容时，还可表示下一级文档内容。

【例3-13】为图书目录文档设置多级列表。

(1) 打开【图书目录】文档。

(2) 选中目录文本，单击【开始】选项卡，单击【段落】组中的【多级列表】按钮，在弹出的下拉列表中选择第一种列表样式，如图3-43所示。

(3) 将光标定位到第二行的开始位置，然后按一次Tab键，即可更改为二级列表，如图3-44所示。

图3-43　选择多级列表样式　　　　　　　　　图3-44　设置多级列表后的效果

(4) 将光标定位到第三行的开始位置，然后按两次Tab键，即可更改为三级列表，如图3-45所示。

(5) 使用同样的方法为目录的其他文本设置多级列表，如图3-46所示。

图3-45　更改目录等级　　　　　　　　　图3-46　全部设置多级列表后的效果

 提示

若要更改多级列表，可将文本插入点定位到需要更改列表编号的位置并右击，在弹出的快捷菜单中选择【编号】|【更改列表级别】命令，然后在弹出的快捷菜单中选择更改的级别即可。

③.4　设置边框和底纹

边框和底纹是一种美化文档的重要方式，为了使文档更清晰、更漂亮，可以在文档的周围设置各种边框，并且可以使用不同的颜色来填充。

③.4.1　设置字符底纹和边框

在Word中，可以为单个或多个文字对象添加边框和底纹，以便突出重点，或进行文字内容的区分。

【例3-14】为文本添加边框和底纹。

(1) 打开【城市网格化管理】文档。

(2) 选择第一段正文中的【单元网格】文本，然后单击【字体】组中的【字符底纹】按钮 **A**，如图3-47所示，即可为选择的文本添加底纹效果，如图3-48所示。

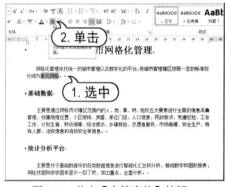

图3-47　单击【字符底纹】按钮

图3-48　添加底纹效果

(3) 选择第三段正文中的部分文字，使用同样的方法添加字符底纹。

(4) 选中第四段正文中的部分文字，单击【字体】组中的【字符边框】按钮 **A**，如图3-49所示，即可为选择的文本添加边框效果，如图3-50所示。

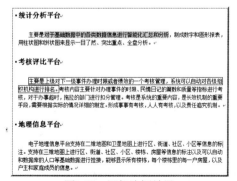

图3-49　单击【字符边框】按钮

图3-50　添加边框效果

知识点

选中要突出显示的文本后，单击【字体】组中的【以不同颜色突出显示文本】下拉按钮，可以在下拉列表中选择需要的颜色作为文本底纹，对选中的文本进行重点显示。

③ 4.2　设置段落边框和底纹

在Word中，不仅可以为单个或多个文字对象添加边框和底纹，还可以为指定的段落文本添加边框和底纹。

【例3-15】为段落添加边框和底纹。

(1) 打开【例3-14】制作的【城市网格化管理】文档。

(2) 选择第二段正文内容，在【段落】组中单击【边框】下拉按钮，在弹出的下拉列表中选择【边框和底纹】选项，如图3-51所示。

(3) 打开【边框和底纹】对话框，选择【边框】选项卡，单击【设置】选项组中的【方框】选项，在【宽度】下拉列表框中设置宽度为【1.5磅】，如图3-52所示。

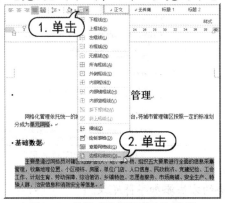
图3-51　选择【边框和底纹】选项

图3-52　设置边框效果

(4) 单击【确定】按钮，返回到文档中即可看到为选定文本设置边框后的效果，如图3-53所示。

(5) 选中标题文本，在【段落】组中单击【边框】下拉按钮，在弹出的下拉列表中选择【边框和底纹】选项，打开【边框和底纹】对话框，单击【设置】选项组中的【阴影】选项，在【应用于】下拉列表框中选择【文字】选项，如图3-54所示。

(6) 单击【确定】按钮，可以为选择段落中的文字部分添加边框效果，如图3-55所示。

(7) 选中【基础数据】小标题文本，在【段落】组中单击【边框】下拉按钮，在弹出的下拉列表中选择【边框和底纹】选项，打开【边框和底纹】对话框，选择【底纹】选项卡，在【填充】下拉列表框中选择【红色】选项，如图3-56所示。

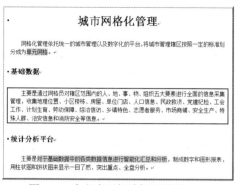

图3-53 为文本添加边框后的效果

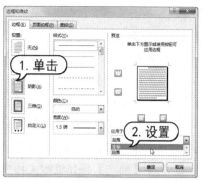

图3-54 选择【边框和底纹】选项

图3-55 为文字添加边框后的效果

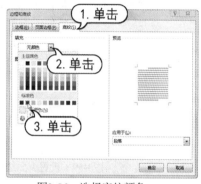

图3-56 选择底纹颜色

(8) 单击【确定】按钮，即可看到为段落文本设置底纹后的效果，如图3-57所示。

(9) 选中标题文本，然后打开【边框和底纹】对话框，切换到【底纹】选项卡，在【填充】下拉列表框中选择【红色】选项，在【应用于】下拉列表框中选择【文字】选项，单击【确定】按钮，即可看到为标题文本设置底纹后的效果，如图3-58所示。

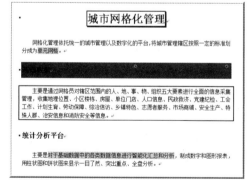

图3-57 设置段落底纹后的效果

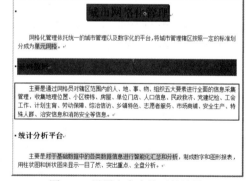

图3-58 设置文字底纹后的效果

③4.3 设置页面边框

在Word中，除了可以为文字、段落添加边框外，还可以为整篇文档的页面添加边框，具体操作方法如下。

【例3-16】为整篇文档添加页面边框。

(1) 打开未编辑的【城市网格化管理】文档。

(2) 将光标定位在文档的任意位置处，单击【开始】选项卡，在【段落】组中单击【边框】下拉按钮 ⊞ ▾，在弹出的下拉列表中选择【边框和底纹】选项。

(3) 在打开的【边框和底纹】对话框中选择【页面边框】选项卡，在【设置】选项组中单击选择【方框】选项，在【宽度】下拉列表框中设置线条宽度为【1.5磅】，如图3-59所示。

(4) 单击【确定】按钮返回文档中，查看为页面添加边框后的效果，如图3-60所示。

图3-59　设置页面边框　　　　图3-60　设置页面边框后的效果

③.4.4　清除底纹和边框

为文本添加边框或底纹后，可以使用如下操作方法清除字符或段落的边框或底纹，以及页面的边框。

- 清除文本的字符底纹：选择添加字符底纹的文本，然后单击【字符底纹】按钮 🅰。
- 清除文本的字符边框：选择添加边框的文本，然后单击【字符边框】按钮 Ⓐ。
- 清除文本的段落边框：选择添加段落边框的段落文本，打开【边框和底纹】对话框，选择【边框】选项卡，单击选择【设置】选项组中的【无】选项并确定。
- 清除文本的段落底纹：选择添加段落底纹的段落文本，打开【边框和底纹】对话框，选择【底纹】选项卡，在【填充】下拉列表中选择【无颜色】选项并确定。
- 清除页面边框：打开【边框和底纹】对话框，选择【页面边框】选项卡，单击选择【设置】选项组中的【无】选项并确定。

③.5　复制和清除格式

在为指定文本设置好格式后，可以通过复制这些格式到其他文本上，快速为其他文本设置指定的格式；也可以将文本中设置好的格式清除，使文本恢复默认效果。

3.5.1 应用格式刷复制格式

在文档编辑过程中，有时多处需要应用同样的设置，此时可以使用Word提供的格式刷来提高工作效率。下面将讲解使用格式刷的具体操作方法。

【例3-17】使用格式刷更改文本格式。

(1) 打开【例3-15】制作的【城市网格化管理】文档。

(2) 选择【基础数据】小标题文本，单击【开始】选项卡，在【剪贴板】组中单击【格式刷】按钮，如图3-61所示。

(3) 此时鼠标指针将变为一个小笔刷形状，按住鼠标左键，在【统计分析平台】小标题文本上拖动，如图3-62所示。

图3-61 单击【格式刷】按钮

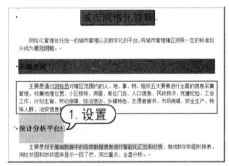

图3-62 选择要应用相同格式的文本

(4) 释放鼠标，确认格式的应用，即可看到【统计分析平台】小标题文本已经变成和【基础数据】小标题文本相同的格式，如图3-63所示。

(5) 若想一次性更改多处内容格式，可双击【格式刷】按钮，按住鼠标左键在需要应用的文本上拖动即可，然后按【Esc】键可停止设置格式，如图3-64所示。

图3-63 使用格式刷后的效果

图3-64 为多处文本应用相同格式

 提示

在 Word 中用格式刷复制格式时，在同一版本可以跨文档复制格式，而在不同 Word 版本的文档间就不能用格式刷复制格式。

③.5.2 清除格式

一篇文档有时会设置很多不同的格式，若想一键清除所设置的所有样式，使其恢复为最初的格式，可按以下方法进行操作。

【例3-18】清除文档的所有格式。

(1) 打开【例3-17】制作的【城市网格化管理】文档。

(2) 按Ctrl+A快捷键选中所有文本，单击【字体】组中的【清除所有格式】按钮，如图3-65所示。

(3) 清除完毕后，可以看到文档中的字体和段落效果已经恢复到最原始的状态，如图3-66所示。

图3-65　清除格式

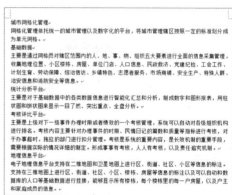

图3-66　清除格式后的效果

③.6　应用样式快速格式化文本

样式规定了文档中标题、题注以及正文等各个文本元素的形式，使用样式可以使文本格式统一。通过简单的操作即可将样式应用于整个文档或段落，从而极大地提高工作效率。

③.6.1　快速应用样式

用户可以通过【快速样式】下拉面板或【样式】任务窗格来设置需要的格式样式，具体的操作方法如下。

【例3-19】用选中文本快速应用样式。

(1) 打开【荷塘月色】文档。

(2) 选中标题文本，切换到【开始】选项卡，在【样式】组中的样式列表框中单击选择【标题1】样式，如图3-67所示。

(3) 此时标题文本已经被设置为【标题1】样式，效果如图3-68所示。

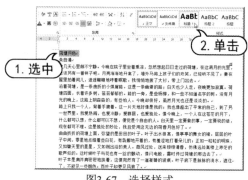

图3-67　选择样式　　　　　　　　　　　图3-68　设置样式后的效果

(4) 选中第二行的作者姓名，单击【样式】组右下角的扩展按钮，如图3-69所示。

(5) 在弹出的【样式】任务窗格中选择【强调】选项，可以看到选中的文本被设置为【强调】样式，如图3-70所示。

图3-69　弹出【样式】任务窗格　　　　　　　图3-70　应用【强调】样式

③6.2　更改样式

如果对【样式】任务窗格中的样式不满意，可以根据自己的喜好对其进行修改，具体操作方法如下。

【例3-20】更改【标题1】样式。

(1) 打开【例3-19】制作的【荷塘月色】文档。

(2) 在【样式】窗格中右击【标题1】样式，在弹出的下拉列表中选择【修改】选项，如图3-71所示。

(3) 弹出【修改样式】对话框，设置中文字体为【华文中宋】、字号为【22】磅、单击【居中】按钮，单击【确定】按钮，如图3-72所示。

(4) 设置完毕后返回文档，即可看到之前设置的标题格式已经改变，如图3-73所示。

(5) 使用同样的方法修改【强调】样式，设置字号为【四号】，文字加粗，修改【强调】样式后的效果如图3-74所示。

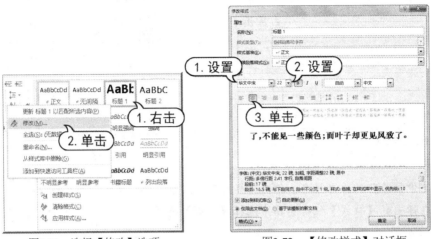

图3-71　选择【修改】选项　　　　图3-72　【修改样式】对话框

荷塘月色

图3-73　修改样式后的效果　　　　图3-74　修改【强调】样式

③6.3　创建样式

除了可以使用系统中自带的样式外，用户还可以自己定义新样式，具体操作方法如下。

【例3-21】创建新样式。

(1) 打开【例3-20】制作的【荷塘月色】文档。

(2) 选中正文文本，单击【样式】窗格右方的扩展按钮，在弹出的下拉列表中选择【创建样式】命令，如图3-75所示。

(3) 打开【根据格式设置创建新样式】对话框，在【名称】文本框中输入【正文内容】，然后单击【修改】按钮，如图3-76所示。

(4) 打开【根据格式设置创建新样式】对话框，在【字体】下拉列表框中选择【楷体】选项，在【字号】下拉列表框中选择【四号】，如图3-77所示。

(5) 单击【格式】下拉按钮，在弹出的菜单中选择【段落】命令，如图3-78所示。

图3-75 选择【创建样式】命令

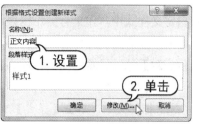

图3-76 修改新建的样式

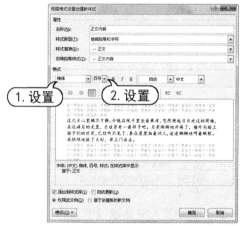

图3-77 设置样式的字体格式

图3-78 选择【段落】命令

(6) 打开【段落】对话框，在【特殊格式】下拉列表中选择【首行缩进】选项，【缩进值】设置为【2字符】，然后确定，如图3-79所示。

(7) 若需要使用【正文内容】样式，在【样式】任务窗格中单击即可应用，效果如图3-80所示。

图3-79 设置样式的段落格式

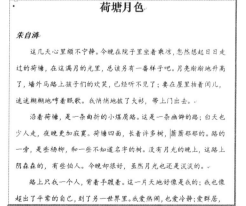

图3-80 应用新样式

计算机基础与实训教材系列

③6.4　清除样式

在自定义样式中，如果有操作错误，可以清除样式，当有些样式不再需要时，可以将其删除，具体操作方法如下。

【例3-22】清除设置的文本格式和删除样式。

(1) 打开【例3-21】制作的【荷塘月色】文档。

(2) 选中标题文本，单击【样式】下拉按钮，在弹出的下拉列表中选择【清除格式】选项，如图3-81所示。

(3) 此时选中的标题文本已经被清除格式，如图3-82所示。

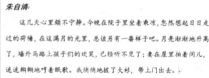

图3-81　清除样式　　　　　　　　　　　图3-82　清除格式后的效果

(4) 下面将创建的【正文内容】样式删除掉。在【样式】任务窗格中右击【正文内容】选项，在弹出的快捷菜单中选择【从样式库中删除】选项，即可将【正文内容】样式从【样式】任务窗格中删除，如图3-83所示。

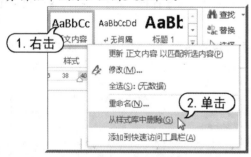

图3-83　删除样式

提示

在早期版本中删除样式时，系统将给出相应的提示，而在 Word 2013 中删除样式时，将直接删除指定的样式，如果误删了需要的样式，可以按 Ctrl+Z 组合键撤消删除操作。

③.7　上机练习

本节上机练习将通过制作【招生简章】和【活动简报】两个文档，帮助读者进一步掌握文本格式化的操作。

③.7.1 制作招生简章

下面通过制作【招生简章】文档，详细介绍文本格式的设置方法，以巩固本章学习的知识点。

(1) 新建一个Word文档，将其另存为【招生简章】。

(2) 依次输入招生简章的标题和正文内容。

(3) 选中标题文本，将其字体设置为【华文隶书】、字号为【24】磅、字体加粗、居中对齐，如图3-84所示。

(4) 选中标题下方的第一条项目标题，在【样式】列表框中单击选择【标题1】选项，将其设置为标题1的样式，如图3-85所示。

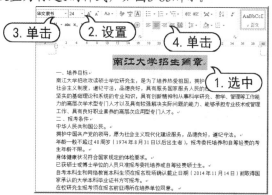

图3-84　设置标题文本格式

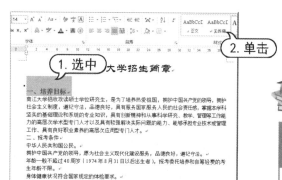

图3-85　选择【标题1】样式

(5) 保持文本的选中状态，双击【剪贴板】组中的【格式刷】按钮，分别拖动选中其他的项目标题，为其应用相同的样式，如图3-86所示。

(6) 将光标置于文档任意位置处，在【样式】列表框的【正文】选项上右击，在弹出的快捷菜单中选择【修改】选项，如图3-87所示。

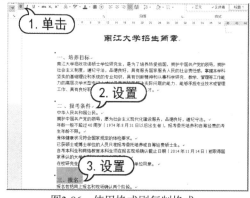

图3-86　使用格式刷复制格式

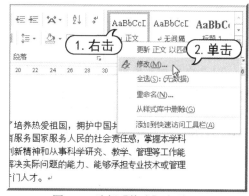

图3-87　选择【修改】选项

(7) 打开【修改样式】对话框，在【格式】选项组中设置字体为【楷体】、字号为【12】磅，然后单击【格式】下拉按钮，在弹出的下拉菜单中选择【段落】命令，如图3-88所示。

(8) 打开【段落】对话框，在【特殊格式】下拉列表中选择【首行缩进】选项，【缩进值】

设置为【2字符】，然后确定，如图3-89所示。

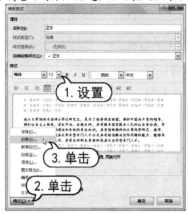

图3-88　修改字体样式　　　　　　　　　　图3-89　修改段落样式

(9) 选中第二条项目标题下的正文文本，在【段落】组中单击【编号】下拉按钮，在弹出的下拉列表中选择第一种编号样式，如图3-90所示。

(10) 使用同样的方法为其他几个项目设置相同的编号样式，如图3-91所示。

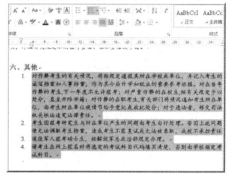

图3-90　选择编号　　　　　　　　　　　　图3-91　应用相同的编号

(11) 选中第四条项目【初试科目】下的4行文本，在【段落】组中单击【项目符号】下拉按钮，在弹出的面板中选择黑色圆点符号●，如图3-92所示。

(12) 选中文档末尾的联系方式4行文本，在【段落】组中单击【边框】下拉按钮，在弹出的下拉列表中选择【边框和底纹】选项，如图3-93所示。

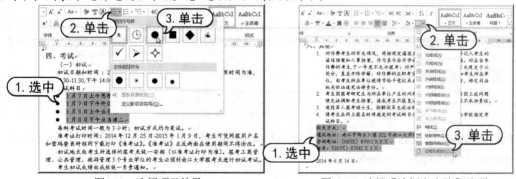

图3-92　选择项目符号　　　　　　　　　　图3-93　选择【边框和底纹】选项

(13) 打开【边框和底纹】对话框，单击【底纹】选项卡，在【填充】下拉列表框中选择【橙色】，然后单击【确定】按钮，如图3-94所示。

(14) 返回到文档中，即可看到为联系方式文本设置底纹后的效果，如图3-95所示。

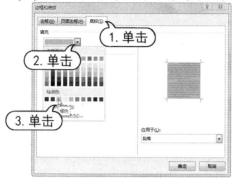

图3-94　选择底纹颜色

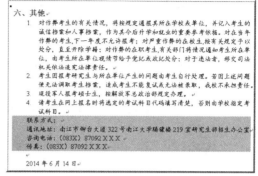

图3-95　设置底纹后的效果

(15) 选中日期文本，切换到【开始】选项卡，在【段落】组中单击【右对齐】按钮，如图3-96所示。

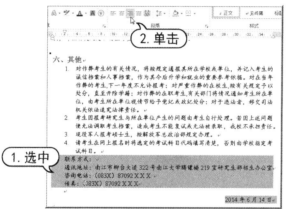

图3-96　设置日期右对齐

(16) 按Ctrl+S快捷键对文档进行保存，完成后的文档效果如图3-97所示。

图3-97　文档最终效果

③7.2 制作简报

下面通过制作【活动简报】文档，详细讲述如何设置下划线、设置段落缩进以及为段落添加边框等，以巩固本章学习的知识点。

(1) 新建一个文档，将其另存为【班级活动简报】，然后依次输入标题和正文内容。

(2) 选中文档中的前3行文本，切换到【开始】选项卡，在【段落】组中单击【居中】按钮 ，如图3-98所示。

(3) 选中第一行的标题文本，将其字体设置为【华文中宋】、字号为【二号】，如图3-99所示。

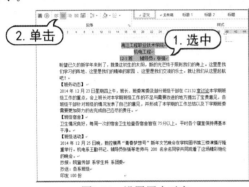
图3-98 设置居中对齐

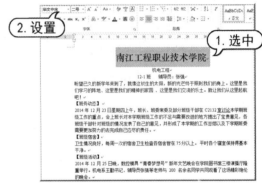
图3-99 设置文本格式

(4) 同时选中标题下方的两行文本，在【字体】组中设置字体为【楷体】、字号为【12】，然后单击【下划线】按钮 **U**，如图3-100所示。

(5) 选中正文文本并右击，在弹出的快捷菜单中选择【段落】命令，如图3-101所示。

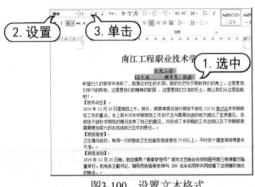
图3-100 设置文本格式

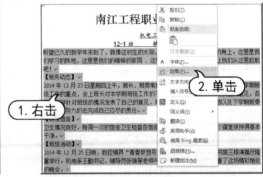
图3-101 选择【段落】命令

(6) 打开【段落】对话框，切换到【缩进和间距】选项卡，在【缩进】选项组的【特殊格式】下拉列表中选择【首行缩进】选项，磅值设置为【2字符】，如图3-102所示。

(7) 单击【确定】按钮，返回到文档中，即可看到正文的首行都向右缩进了两个字符。

(8) 保持文本的选中状态，在【段落】组中单击【边框】下拉按钮 ，在弹出的下拉列表中选择【边框和底纹】选项，如图3-103所示。

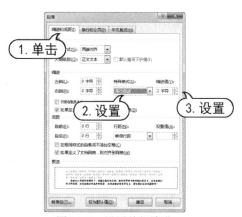
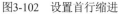

图3-102 设置首行缩进

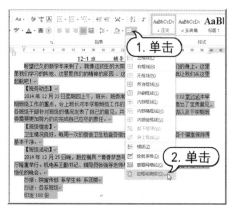

图3-103 选择【边框和底纹】选项

(9) 打开【边框和底纹】对话框,切换到【边框】选项卡,在【设置】选项组中单击【阴影】选项,在【颜色】下拉列表框中选择【蓝色】,设置边框的宽度为【1.5】磅,单击【确定】按钮,如图3-104所示。

(10) 单击【快速访问】工具栏中的【保存】按钮 保存文档,最终效果如图3-105所示。

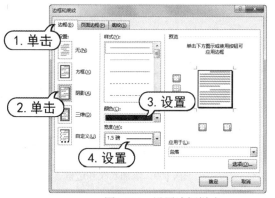

图3-104 设置边框样式

图3-105 最终效果

3.8 习题

1. 设置文本格式主要包括哪些内容?

2. 段落对齐方式是指什么?段落文本的对齐方式包括哪几种?

2. 段落缩进是指什么?包括哪几种段落缩进?

4. 段落间距和行距有什么区别?

5. 样式的作用是什么?其中规定了文档中哪些文本元素的形式?

6. 打开【观潮】文档,选择标题文本,应用【标题1】样式,然后设置标题文本为居中对齐,如图3-106所示。

7. 打开第6题完成的【观潮】文档,将正文字体设置为【楷体】、字号为【12】,然后使用标尺功能将正文每段的首行向右缩进两个字符，效果如图3-107所示。

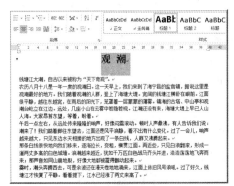

图3-106　设置标题格式

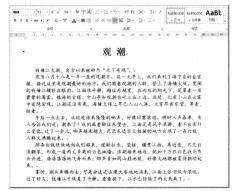

图3-107　设置正文格式

8. 打开【小学语文教案】文档，对正文分别使用项目符号和编号，然后设置正文的首行缩进为悬挂缩进，效果如图3-108所示。

9. 打开【恋爱的狮子与农夫】文档，对第一段的正文添加灰色的段落底纹，对第二段的正文添加段落边框，效果如图3-109所示。

图3-108　使用项目符号和编号

图3-109　添加底纹和边框

第4章

应用图文混排

学习目标

Word除了拥有强大的文本处理功能外,还拥有便捷的图文混排功能。在文档中插入图片类型的对象后,通过设置图片格式,可以使图文合理地编排在文档中,从而使阅读者不仅能清晰地了解文档内容,而且还能享受视觉的美感。

本章重点

◉ 插入和编辑图片
◉ 应用艺术字和文本框
◉ 应用自选图形
◉ 应用 SmartArt 图形

4.1 插入和编辑图片

在Word中进行图文编辑时,用户可以将本地电脑中的图片插入到文档中,并根据实际的需要和效果对图片进行编辑设置。

4.1.1 在文档中插入图片

将图片插入到文档中,不仅可以起到修饰作用,还可以突出主题效果。在文档中插入图片的操作如下。

【例4-1】在文档中插入海洋生物图片。

(1) 打开【海洋生物】文档,将光标定位到文档末尾。

(2) 单击【插入】选项卡,在【插图】组中单击【图片】按钮,如图4-1所示。

(3) 在打开的【插入图片】对话框中选择【海洋生物1】图片，然后单击【插入】按钮，如图4-2所示。

图4-1　单击【图片】按钮

图4-2　选择要插入的图片

(4) 返回到文档，此时可以看到选择的图片已经插入到了文档中，如图4-3所示。

(5) 将光标定位到图片后面，重新执行插入图片的操作，并在【插入图片】对话框中同时选择【海洋生物2】和【海洋生物3】图片，将两张图片一起插入到文档中，如图4-4所示。

图4-3　插入图片

图4-4　插入多张图片

 提示

　　在【插图】组中单击【屏幕截图】下拉按钮，在弹出的下拉列表中选择【屏幕剪辑】选项，可以截取桌面图片，并将截取的图片插入到文档中。

④.1.2　调整图片大小

插入到文档中的图片，往往大小都不同，所以当用户将图片插入到文档中后，图片大小一般都不符合排版要求，这就需要用户自行对图片大小进行编辑。

1. 手动调整图片大小

选择需要调整的图片，将光标指向边框上的控制点，当光标变成横向或纵向的箭头时，按住并拖动鼠标，即可等调整图片高或宽；如果光标为斜向或双向箭头时，即可等比例调整图片大小。

【例4-2】在文档中手动调整图片的大小。

(1) 打开前面已插入图片后的【海洋生物】文档。

(2) 选择第一张图片，将光标指向边框右上角的控制点，当光标变成斜向箭头时，按住并拖动鼠标，即可调整图片的大小，如图4-5所示。

(3) 使用同样的方法，手动调整其他两张图片的大小，如图4-6所示。

图4-5　手动调整图片大小

图4-6　调整其他图片大小

2．精确调整图片大小

在有些文档中，需要将图片调整为相同宽度或高度，这就需要进行精确的参数设置。下面介绍精确调整图片大小的方法。

【例4-3】在文档中精确调整图片的大小。

(1) 打开前面已调整图片大小后的【海洋生物】文档。

(2) 选择第一张图片，单击出现的【格式】选项卡，在【大小】组中设置【高度】为【3.3厘米】，如图4-7所示。

(3) 选择第二张图片，然后单击鼠标右键，在弹出的快捷菜单中选择【大小和位置】命令，如图4-8所示。

图4-7　设置第一张图片高度

图4-8　选择【大小和位置】命令

(4) 打开【布局】对话框，在【大小】选项卡的【高度】选项栏中设置图片的绝对值为【3.3厘米】，然后单击【确定】按钮，如图4-9所示。

(5) 选择第三张图片，在功能区中选择【格式】选项卡，在【大小】组中设置【高度】为【3.3厘米】，效果如图4-10所示。

图4-9 设置第二张图片高度

图4-10 设置第三张图片高度

3．裁剪图片

在文档中插入一张图片后，如果图片内容存在多余的区域，用户可以通过裁剪功能将多余的图片部分裁剪掉。

【例4-4】裁剪图片中多余的部分。

(1) 打开前面已调整图片大小后的【海洋生物】文档。

(2) 选择第二张图片，单击出现的【格式】选项卡，单击【大小】选项组中的【裁剪】下拉按钮，在弹出的下拉列表中可以选择裁剪方式，如图4-11所示。

(3) 选择【裁剪】选项，用户可以对图片进行自由裁剪。例如，向右拖动左方边框，即可对该边缘进行裁剪，如图4-12所示。

(4) 在其他位置单击，即可完成图片的裁剪操作，如图4-13所示。

图4-11 选择裁剪方式

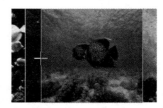

图4-12 拖动裁剪边

图4-13 裁剪效果

> **提示**
>
> 在裁剪下拉列表中选择【裁剪为形状】选项，在弹出的子菜单中有多组形状，用户可以根据需要选择一种形状，图片将自动裁剪为该图形的样式；选择【纵横比】选项，在其子菜单中可以选择各种比例的裁剪方式。

④.1.3 调整图片角度

将图片插入到文档中后，有时为了让文档看起来更美观，或凸显其个性，需要将图片设置一个特定的旋转角度。

【例4-5】旋转图片的方向。

(1) 打开前面已裁剪图片大小后的【海洋生物】文档。

(2) 选择第一张图片,单击功能区中的【格式】选项卡,在【排列】选项组中单击【旋转】下拉按钮,在打开的下拉列表中选择【向右旋转90°（R）】旋转类型,如图4-14所示。

(3) 选择第三张图片,在【排列】选项组中单击【旋转】下拉按钮,在打开的下拉列表中选择【向左旋转90°（L）】旋转类型,如图4-15所示。

图4-14 旋转第一张图片

图4-15 旋转第三张图片

(4) 选择第二张图片,在【排列】选项组中单击【旋转】下拉按钮,在打开的下拉列表中选择【其他旋转选项】选项。

(5) 打开【布局】选项卡,在【旋转】选项栏中设置旋转角度为【45°】,然后单击【确定】按钮,如图4-16所示,得到的效果如图4-17所示。

图4-16 设置旋转角度

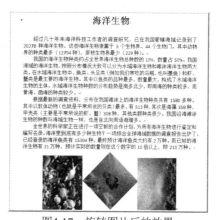

图4-17 旋转图片后的效果

 提示

选中图片后,图片上方的中间位置将出现旋转点图标 🔄,将光标移动到图片的旋转点上按住鼠标左键并拖动,可以快速调整图片的角度。

4.1.4 设置图片与文字的环绕方式

在长文档中，通常都是以图片和文档结合的方式进行描述，所以在排版方式上，有时需要将图片插入到文字中间，起到相互呼应的效果。

【例4-6】在文档中进行图文混排。

(1) 打开前面已旋转图片后的【海洋生物】文档，并将第一张图片向左旋转90°，将第三张图片向右旋转90°。

(2) 选择第一张图片，单击功能区中的【格式】选项卡，在【排列】选项组中单击【位置】按钮，在下拉列表中设置文字环绕方式如图4-18所示。

(3) 选择第二张图片，在【排列】选项组中单击【自动换行】按钮，在下拉列表中选择【四周型环绕】选项，如图4-19所示。

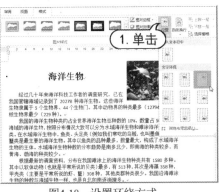

图4-18　设置环绕方式

图4-19　选择四周型环绕

(4) 将第二张图片拖动到文档中央，得到如图4-20所示的效果。

(5) 选择第三张图片，在【排列】选项组中单击【自动换行】按钮，在下拉列表中选择【衬于文字下方】选项，然后将第三张图片拖动到文档右下角，效果如图4-21所示。

图4-20　修改图片的位置

图4-21　设置图片的环绕效果

各种环绕方式的含义如下。

- ◉ 嵌入型：文字围绕在图片的上下方，图片和文字一样，只能在文字区域内移动。
- ◉ 四周型环绕：图片周围环绕文字，并且图片的四周与文字保持固定的距离。
- ◉ 紧密型环绕：文字都密布在图片周围，图片被文字紧紧包围，这和四周型有一些相同性，但紧密型的图片周围文字更加密集。
- ◉ 穿越型环绕：文字将穿越文字进行排列，得到图文混排的效果。
- ◉ 上下型环绕：文字将排列在图片上下，左右两侧没有文字。
- ◉ 衬于文字下方：文字的版式不变，图片在文字的下方，图片被文字遮盖。
- ◉ 浮于文字上方：与【衬于文字下方】正好相反，图片在文字的上方，将文字遮盖住。

提示

将图片设置为【衬于文字下方】环绕方式后，如果图片完全放在文档中，需要单击【开始】/【编辑】组中的【选择】下拉按钮，在其下拉列表中选择【选择对象】选项，才能对该图片进行选择操作。

④.1.5 设置图片色彩和色调

在文档中插入图片后，通常还需要设置图片的亮度和对比度来改善图片的显示效果，或是为了工作需要，将图片色彩设置灰度效果。

【例4-7】在文档中调整图片的色彩和色调。

(1) 打开前面已设置环绕效果后的【海洋生物】文档。

(2) 选择右上方的图片，单击功能区中的【格式】选项卡，在【调整】选项组中单击【颜色】按钮，在下拉列表中选择【饱和度：0%】选项，设置图片的色彩为灰色，如图4-22所示。

(3) 选择文档中央的图片，在【调整】选项组中单击【更正】按钮，在下拉列表中可以设置图片的亮度和对比度，也可以选择【图片更正选项】选项进行精确设置，如图4-23所示。

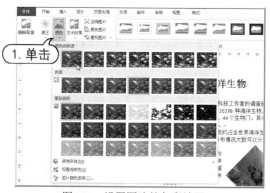

图4-22 设置图片的色彩效果

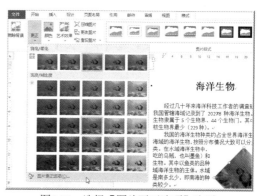

图4-23 选择【图片更正选项】选项

(4) 在文档窗口右方打开【设置图片格式】选项板，在【亮度/对比度】选项栏中设置图片的亮度为【20%】，如图4-24所示。

(5) 选择右下方的图片,在【设置图片格式】选项板中单击展开【图片颜色】选项栏,然后设置图片的饱和度为【350%】,如图4-25所示。

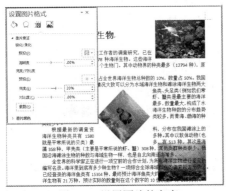

图4-24　设置图片的亮度

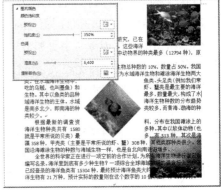

图4-25　设置图片的饱和度

4.2　应用艺术字和文本框

在Word进行文档编辑时,不仅可以将本地电脑中的图片插入到文档中,还可以插入Word自带的艺术字和文本框,以使文档更美观。

4.2.1　在文档中应用艺术字

艺术字是具有特殊效果的文字,如阴影、斜体、旋转和拉伸等效果,这些效果能使文字效果更加生动。用户在文档中插入艺术字后,可以对艺术字的效果进行设置。

【例4-8】在文档中插入和设置艺术字。

(1) 打开【现代诗句】文档,然后将光标置于文档的首行,按Enter键在文档上方留出几行空白,用于放置艺术字,如图4-26所示。

(2) 单击【插入】选项卡,在【文本】组中单击【艺术字】下拉按钮,在弹出的下拉列表中选择【填充-白色,轮廓-着色2,清晰阴影-着色2】选项,如图4-27所示。

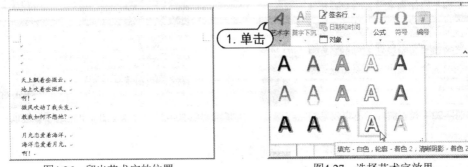

图4-26　留出艺术字的位置　　　　图4-27　选择艺术字效果

(3) 此时会在文档中插入所选的艺术字文本框，在文本框中重新输入标题文本【教我如何不想她】，如图4-28所示。

(4) 保持艺术字的选中状态，单击【格式】选项卡，在【艺术字样式】组中单击【文本效果】下拉按钮 A，在弹出的下拉列表中选择【阴影】|【右下斜偏移】选项，如图4-29所示。

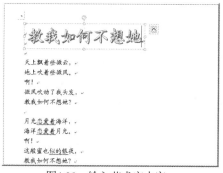
图4-28 输入艺术字内容

图4-29 设置阴影

(5) 再次单击【文本效果】下拉按钮，在弹出的下拉列表中选择【映像】|【紧密映像，接触】选项，如图4-30所示。

(6) 单击【形状样式】列表框右下方的展开按钮 ，在展开的列表框中选择【细微效果-绿色，强调颜色6】选项，如图4-31所示。

图4-30 设置映像效果

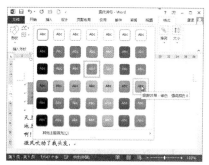
图4-31 设置形状样式

 提示 --------------------------------

　　除了直接插入艺术字外，用户还可以将文档中已有的文字设置为艺术字。只需要选择需要的文本，单击【艺术字】按钮，在展开的艺术字列表中选择合适的艺术字样式即可。

④.2.2 在文档中应用文本框

　　文本框可以将文本和图形组织在一起，将某些文字排列在其他文字或图形周围，或在文档的边缘打印侧标题和附注。用户可以根据需要插入横排文本框或竖排文本框，然后在其中输入文字或添加图片。

【例4-9】在文档中插入和设置文本框。

(1) 打开前面插入艺术字后的【现代诗句】文档。

(2) 将光标定位在任意位置处，单击【插入】选项卡，在【文本】组中单击【文本框】下拉按钮，在弹出的下拉列表中选择【简单文本框】选项，如图4-32所示。

(3) 此时会在文档中插入一个简单样式的文本框，删除文本框中的默认文字，重新输入文字内容，如图4-33所示。

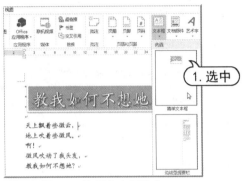

图4-32 选择文本框样式

图4-33 在文本框中输入文本

 提示

　　将鼠标指向文本框的边缘上，当鼠标指针变成十字形状时，按住鼠标左键拖动调整文本框的位置，拖动文本框四周的控制点可以调整文本的高度和宽度。

(4) 选中文本框，单击【格式】选项卡，在【形状样式】列表框中选择【浅色1轮廓，彩色填充-橙色，强调颜色2】，设置文本框的形状效果，如图4-34所示。

(5) 在【艺术字样式】组中单击【形状填充】下拉按钮，在弹出的下拉列表中选择红色填充形状，改变形状的颜色。

(6) 在【艺术字样式】组中单击【形状效果】下拉按钮，在弹出的下拉列表中选择【发光】|【红色，5pt发光，着色2】选项，如图4-35所示。

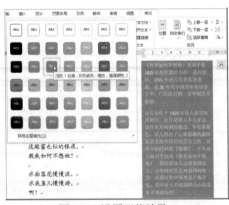

图4-34 设置形状效果

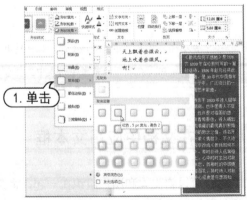

图4-35 设置发光效果

提示 --

与图片对象一样,用户可以对艺术字和文本框的大小和位置进行设置,如果要将艺术字和文本框插入到文字中间,可以先设置艺术字和文本框的文字环绕方式。

4.3 应用自选图形

在文档编辑中,可以插入一些自选图形,增加文档的效果。在Word文档中可以插入的自选图形包括线条、基本几何形状、箭头、公式形状、流程图形状、星、旗帜和标注等。

4.3.1 插入自选图形

Word中的自选图形是一些现成的图形,如矩形、箭头、圆和线条等。用户可以根据需要插入图形,使文档内容更加直观。

【例4-10】在文档中插入箭头图形。

(1) 打开【例4-9】制作的【现代诗句】文档。

(2) 单击【插入】选项卡,在【插图】组中单击【形状】下拉按钮,在弹出的下拉列表中选择【燕尾型箭头】选项,如图4-36所示。

(3) 在文档中按住鼠标左键并拖动,绘制如图4-37所示的形状。

图4-36 选择形状样式

图4-37 绘制形状

 提示 --

在默认情况下,所插入自选图形的文字环绕方式为【浮于文字上方】,直接拖动插入的自选图形,即可修改图形的位置。

4.3.2 在自选图形中添加文字

插入自选图形后，用户还可以在图形中添加文字，操作方法如下。

【例4-11】在箭头图形中添加文字。

(1) 打开【例4-10】制作的【现代诗句】文档。

(2) 右击绘制的箭头图形，在弹出的快捷菜单中选择【添加文字】选项，如图4-38所示。

(3) 在图形中输入文字，并将文字字体设置为【黑体】、字号为【18】磅，如图4-39所示。

图4-38 选择【添加文字 】选项

图4-39 添加并设置文字

计算机 基础与实训教材系列

4.3.3 设置自选图形样式

用户可以像设置图片样式一样为插入的自选图形设置样式，以达到美化文档的效果，设置自选图形样式的操作方法如下。

【例4-12】设置自选图形的样式。

(1) 打开【例4-11】制作的【现代诗句】文档。

(2) 选中自选图形，单击【绘图工具】|【格式】选项卡，在【形状样式】列表框中选择【浅色1轮廓，彩色填充-橙色，强调颜色2】选项，如图4-40所示。

(3) 在【形状样式】组中单击【形状填充】下拉按钮，在弹出的下拉列表中选择【紫色，着色4，深色25%】选项，如图4-41所示。

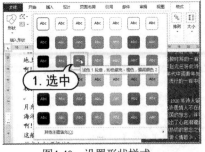
图4-40 设置形状样式

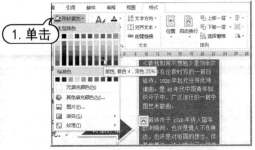
图4-41 设置形状填充颜色

(4) 在【形状样式】组中单击【形状效果】下拉按钮，在弹出的下拉列表中选择【棱台】|【圆】选项，如图4-42所示，得到的效果如图4-43所示。

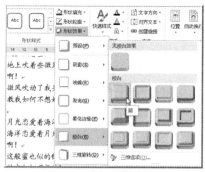

图4-42 选择形状效果

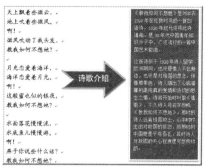

图4-43 设置形状后的效果

④.4 应用 SmartArt 图形

利用SmartArt图示功能可以设计出精美的图形，使用该功能可以非常轻松地插入组织结构、业务流程等图示，从而制作出具有专业设计水准的图示图形。

④.4.1 插入 SmartArt 图形

SmartArt图形共分8种类别：列表、流程、循环、层次结构、关系、矩阵、棱锥图和图片，用户可以根据自己的需要创建不同的图形。

【例4-13】在文档中插入SmartArt图形。

(1) 新建一个空白文档，保存为【消防安全领导小组组织结构图】文档。

(2) 单击【插入】选项卡，在【插图】组中单击【SmartArt】按钮，如图4-44所示。

(3) 打开【选择SmartArt图形】对话框，在左方列表中选择【层次结构】选项，在右方图形样式中选择【组织结构图】选项，如图4-45所示。

图4-44 单击SmartArt按钮

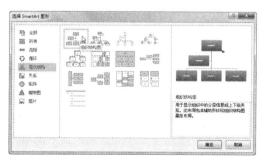

图4-45 选择SmartArt图形

(4) 单击【确定】按钮，即可将选择的组织结构图插入到文档中，如图4-46所示。

(5) 在文本框或左侧的文本窗格中输入各层级的相关文字内容，如图4-47所示。

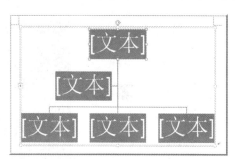

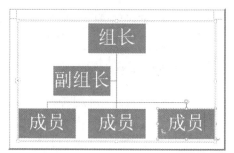

图4-46 插入SmartArt图形 图4-47 输入文字

④.4.2 更改 SmartArt 布局

插入SmartArt图形后，用户可以根据需要对图形进行修改和调整操作，如添加形状、升降级项目、更改布局样式等。

【例4-14】添加图形和更改图形布局。

(1) 打开【例4-13】制作的【消防安全领导小组组织结构图】文档。

(2) 选中右方的【成员】项目，单击【设计】选项卡，在【创建图形】组中单击【添加形状】下拉按钮，在下拉列表中选择【在后面添加形状】选项，如图4-48所示。

(3) 此时在【成员】项目下方即可添加一个同级空白项，在文本窗格中输入文字【队员】，如图4-49所示。

图4-48 指定添加形状的位置 图4-49 输入文字

(4) 选中【队员】项目，在【创建图形】组中单击【降级】按钮，【队员】项目将降为【成员】的子项目，如图4-50所示。

(5) 分别选中其他两个【成员】项目，在【创建图形】组中单击【添加形状】下拉按钮，在下拉列表中选择【在下方添加形状】选项，为其他两个【成员】项目各添加一个子项目，并在图形中输入文字，如图4-51所示。

(6) 选中创建的SmartArt图形，单击【设计】选项卡，在【布局】组中单击【更改布局】下拉按钮，在弹出的下拉列表中选择【水平多层层次结构】选项，如图4-52所示，SmartArt图形布局将变为水平多层层次结构图，如图4-53所示。

图4-50 将【队员】形状降级

图4-51 添加子项目

提示

如果要删除某个形状对象，可以单击【创建图形】组中的【文本窗格】按钮，在打开的窗格中选中要删除的对象，按 Delete 键将其删除，也可以在文档中选择要删除的形状对象，按 Delete 键将其删除。

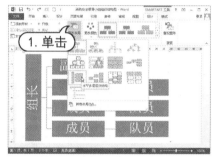

图4-52 选择要更改的布局

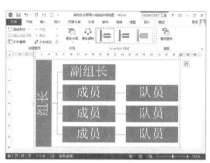

图4-53 更改布局后的效果

4.4.3 应用 SmartArt 图形样式

用户可以在【设计】和【格式】选项卡中为SmartArt图形设置样式和色彩风格，以达到美化文档的效果。

【例4-15】更改SmartArt图形样式。

(1) 打开【例4-14】制作的【消防安全领导小组组织结构图】文档。

(2) 选中SmartArt图形，单击【设计】选项卡，在【SmartArt样式】组中单击【更改颜色】下拉按钮，然后选择【彩色填充-着色2】选项，将图形改变为彩色，如图4-54所示。

(3) 在【SmartArt样式】组中单击【快速样式】下拉按钮，在弹出的下拉列表中选择【优雅】选项，如图4-55所示。

(4) 单击【格式】选项卡，在【艺术字样式】组中单击【快速样式】下拉按钮，在弹出的下拉列表中选择【渐变填充-蓝色，着色1，反射】选项，如图4-56所示。

(5) 在【形状样式】组中单击【形状效果】下拉按钮，在弹出的下拉列表中选择【棱台】|【圆】选项，得到的效果如图4-57所示。

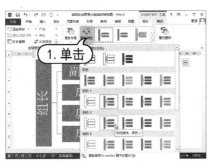

图4-54 更改颜色

图4-55 更改样式

提示 ━━━━━━━━━━━━━━━━━━━━━━━━━━━━━

单击 SmartArt 图形中要更改大小的形状，然后单击【格式】选项卡中，在【形状】选项组中单击【增大】按钮，可以将图形增大，单击【减小】按钮，可以将图形减小。

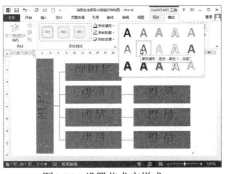

图4-56 设置艺术字样式

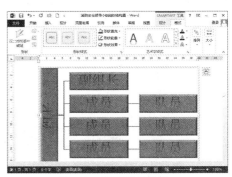

图4-57 设置形状效果

④.5 上机练习

本节上机练习将通过制作【禁烟牌】和【公司组织结构图】两个文档，帮助读者进一步掌握本章所学的知识。

④5.1 制作禁烟牌

很多公司都不允许员工在办公区域吸烟，如果在墙上贴上【禁止吸烟】的标示牌，就更能引起员工的注意，增强该条例的执行力度。下面介绍制作【禁止吸烟】标示牌的操作。

(1) 启动Word应用程序，新建一个Word文档，将其保存为【禁烟牌】。

(2) 单击【插入】选项卡，在【插图】组中单击【形状】下拉按钮，在弹出的下拉列表中选择【禁止符】选项，如图4-58所示。

(3) 按住Shift键拖动鼠标绘制一个正圆形的【禁止符】形状，如图4-59所示。

图4-58 选择图形的形状

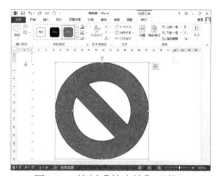

图4-59 绘制【禁止符】形状

(4) 选中绘制的禁止符形状，单击【格式】选项卡，在【形状样式】组中单击【形状轮廓】下拉按钮，在弹出的下拉列表中选择【无轮廓】选项，如图4-60所示。

(5) 在【形状样式】组中单击【形状填充】下拉按钮，在弹出的下拉列表中选择【红色】选项，如图4-61所示。

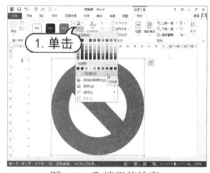

图4-60 取消形状轮廓

图4-61 为形状填充红色

(6) 单击【插入】选项卡，在【插图】组中单击【形状】下拉按钮，在弹出的下拉列表中选择【矩形】选项，在文档中拖动鼠标绘制一个矩形，如图4-62所示。

(7) 拖动矩形中间位置的旋转点图标 ，重新调整矩形的角度，如图4-63所示。

图4-62 绘制矩形

图4-63 调整矩形角度

(8) 选中矩形，单击【格式】选项卡，在【形状样式】组中单击【形状轮廓】下拉按钮，在弹出的下拉列表中选择【无轮廓】选项。

(9) 在【形状样式】组中单击【形状填充】下拉按钮，在弹出的下拉列表中选择【纹理】|

【羊皮纸】选项，如图4-64所示。

(10) 拖动矩形边框控制点调整矩形的长度，然后适当调整矩形的位置，如图4-65所示。

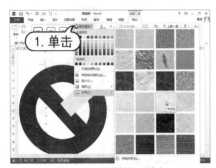

图4-64　设置纹理填充　　　　　　　图4-65　调整矩形

(11) 按住Ctrl键拖动矩形，将其复制一次，并适当调整矩形的长度和位置，将两个矩形对齐，如图4-66所示。

(12) 选中下方的矩形并右击，在弹出的快捷菜单中选择【置于底层】|【置于底层】命令，如图4-67所示。

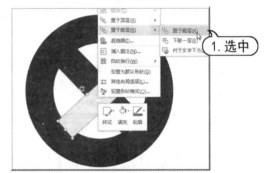

图4-66　复制并调整矩形　　　　　　图4-67　将矩形置于底层

(13) 选中下方的矩形，单击【格式】选项卡，在【形状样式】组中单击【形状轮廓】下拉按钮，在下拉列表中选择一种灰色，然后选择【粗细】|【0.25磅】选项，如图4-68所示。

(14) 单击【格式】选项卡，在【形状样式】组中单击【形状填充】下拉按钮，在下拉列表中选择一种灰色，然后选择【渐变】|【线性对象-左上到右下】选项，如图4-69所示。

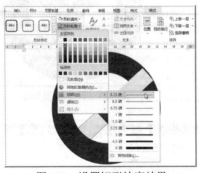
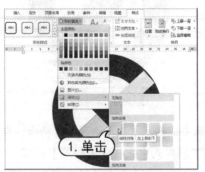

图4-68　设置矩形轮廓效果　　　　　图4-69　设置矩形填充效果

(15) 单击【插入】选项卡，在【插图】组中单击【形状】下拉按钮，在弹出的下拉列表中选择【云形标注】选项，如图4-70所示。

(16) 在文档中拖动鼠标绘制一个云形标注，并调整云形标注的形状，然后设置其形状轮廓为灰色，线条粗细为【0.25磅】，无填充颜色，实例的最终效果如图4-71所示。

图4-70　选择图形

图4-71　最终效果

4.5.2　制作施工流程图

室内装修设计公司在进行建筑装修之前，通常需要为客户展现施工的流程图。下面通过制作【施工流程图】文档，巩固本章学习的知识点。

(1) 启动Word应用程序，新建一个Word文档，将其保存为【施工流程图】。

(2) 单击【插入】选项卡，单击【文本】选项组中的【文本框】下拉按钮，在其下拉菜单中选择【绘制文本框】命令，如图4-72所示。

(3) 在文档中按住鼠标左键并拖动，创建一个文本框，在文本框中输入文字内容：施工流程图，设置文字字体为【宋体】、字号为30、对齐方式为【居中】，如图4-73所示。

图4-72　选择命令

图4-73　创建文本框

(4) 选中文本框中的文字对象，然后选择【格式】选项卡，在【艺术字样式】组中的艺术字列表框中选择【填充-黑色，文本1，轮廓-背景1，清晰阴影，着色1】选项，如图4-74所示。

(5) 选中文本框对象，单击【格式】选项卡，在【形状样式】组中的样式列表框中选择【细微效果-橙色，强调颜色2】选项，如图4-75所示。

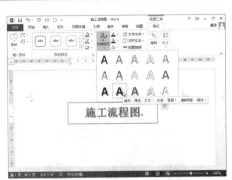

图4-74 设置文字效果

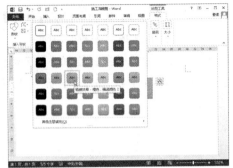

图4-75 设置文本框效果

(6) 在【形状样式】组中单击【形状效果】下拉按钮，在弹出的下拉列表中选择【棱台】|【冷色斜面】选项，如图4-76所示。

(7) 单击【插入】选项卡，在【插图】组中单击【形状】下拉按钮，在弹出的下拉列表中选择【菱形】选项，如图4-77所示。

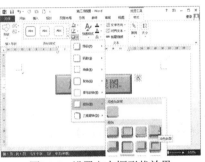

图4-76 设置文本框形状效果

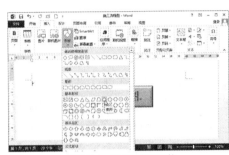

图4-77 选择图形形状

(8) 按住鼠标左键并拖动，绘制一个菱形图形。

(9) 右击菱形，在弹出的快捷菜单中选择【添加文字】命令，如图4-78所示。

(10) 在菱形图形输入文字【方案设计】，并设置文字的字体为【宋体】、字号为16，对齐方式为【居中】，如图4-79所示。

图4-78 选择【添加文字】命令

图4-79 输入并设置文字

(11) 选中菱形对象，单击【格式】选项卡，在【形状样式】组中单击【形状填充】下拉按钮，在弹出的下拉列表中选择【橙色，着色2】选项，如图4-80所示。

(12) 在【形状样式】组中单击【形状效果】下拉按钮，在弹出的下拉列表中选择【棱台】|【圆】选项，如图4-81所示。

图4-80　设置形状填充颜色

图4-81　设置形状效果

(13) 单击【插入】选项卡，在【插图】组中单击【形状】下拉按钮，在弹出的下拉列表中选择【圆角矩形】选项，在文档中绘制一个圆角矩形。

(14) 设置圆角矩形的形状效果为【棱台】|【冷色斜面】，然后在圆角矩形输入文字内容，并设置文字的属性，如图4-82所示。

(15) 按住Ctrl键拖动圆角矩形，对其进行多次复制，然后修改圆角矩形内的文字，效果如图4-83所示。

图4-82　创建圆角矩形和文字

图4-83　复制圆角矩形并修改文字

(16) 选择【拟定施工进度】圆角矩形，单击【格式】|【插入形状】组中的【编辑形状】下拉按钮，在其下拉列表中选择【椭圆】选项，如图4-84所示。

(17) 在【插图】组中单击【形状】下拉按钮，选择【箭头】图形，在流程图中绘制箭头，并设置箭头的粗细为2.25磅，最终效果如图4-85所示。

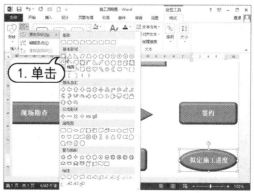

图4-84　修改图形的形状

计算机 基础与实训教材系列

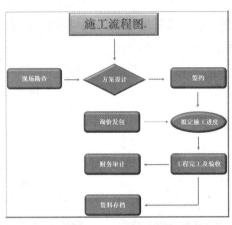

图4-85　绘制和设置箭头

④5.3　制作公司组织结构图

通常而言，公司都有自己的组织结构图，在制作公司简介时，就需要将组织结构图添加进来。在Word 中，用户可以使用SmartArt图形功能轻松完成这项工作。

(1) 启动Word 应用程序，新建一个空白文档，将其保存为【公司组织结构图】。

(2) 单击【插入】选项卡，在【插图】组中单击【SmartArt】按钮，打开【选择SmartArt图形】对话框，选择【层次结构】下的【半圆组织结构图】选项，然后单击【确定】按钮，如图4-86所示。

(3) 选中的SmartArt图形将被插入到文档中，选中第二行的形状，单击【SmartArt工具】|【设计】选项卡，在【创建图形】组中单击【添加形状】下拉按钮，在弹出的下拉列表中选择【在后面添加形状】选项，如图4-87所示。

图4-86　选择SmartArt图形

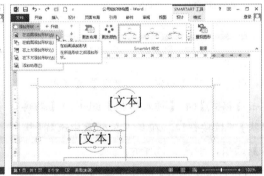

图4-87　选择添加形状的位置

(4) 此时在第二行形状的后面即可添加一个形状，如图4-88所示。

(5) 继续在第三行最右边添加一个形状，然后在【创建图形】组中单击【文本窗格】按钮，显示文本窗格，如图4-89所示。

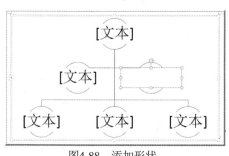

图4-88　添加形状

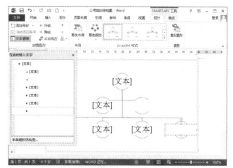

图4-89　显示文本窗格

(6) 在【文本窗格】中依次输入各个形状中的文本内容。此时，在形状中会同步显示输入的文本，如图4-90所示。

(7) 选中第三行第一个形状，在【创建图形】组中单击【添加形状】下拉按钮，在弹出的下拉列表中选择【添加助理】选项，如图4-91所示。

图4-90　输入文本

图4-91　添加助理形状

(8) 使用同样的方法为第三行第一个形状再添加一个助理形状，如图4-92所示。

(9) 使用同样的方法为第三行第二个形状添加两个助理形状，为第三个形状添加一个助理形状，为第四个形状添加三个助理形状，如图4-93所示。

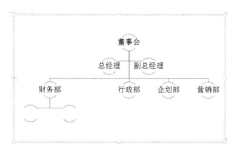

图4-92　添加另一个助理形状

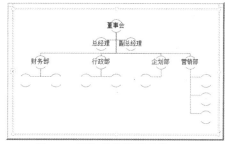

图4-93　添加其他助理形状

(10) 在【文本窗格】中依次为新添加的形状输入相应的文本，如图4-94所示。

(11) 选中整个SmartArt图形，单击【开始】选项卡，在【字体】组中设置所有文本字体为【黑体】、字号为【12】磅，如图4-95所示。

计算机基础与实训教材系列

图4-94　输入文本

图4-95　设置字体格式

(12) 保持SmartArt图形的选中状态，单击【SmartArt工具】|【设计】选项卡，在【SmartArt样式】组中单击【更改颜色】下拉按钮，在弹出的下拉列表中选择【彩色范围-着色2至3】选项，如图4-96所示。更改颜色后的效果如图4-97所示。

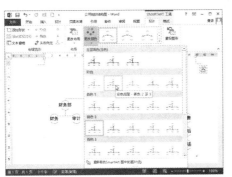

图4-96　选择需要的色彩

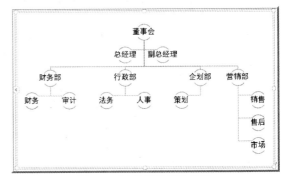

图4-97　更改颜色后的效果

4.6 习题

1. 在Word文档中插入图片后，应该如何调整图片的大小和方向？

2. 文本框是Word绘图工具提供的一种特殊对象，主要用途是什么？在Word中可以插入哪两种文本框？

3. Word中的自选图形主要包括哪几种类型？

4. SmartArt图形主要用于绘制哪些方面的图形？

5. 打开【鲜花】文档，选中文档中的图片，单击【图片工具】|【格式】选项卡，在【大小】组中单击【裁剪】下拉按钮，在弹出的下拉列表中选择【裁剪为形状】|【心形】选项，将图片裁剪为心形效果，如图4-98所示。

6. 启动Word 应用程序，新建一个空白文档，参照图4-99所示的效果，创建艺术字对象，并设置艺术字的样式和效果。

图4-98 裁剪鲜花图片

图4-99 创建艺术字效果

7. 启动Word 应用程序，新建一个空白文档，使用SmartArt图形功能绘制企业组织结构图，效果如图4-100所示。

8. 打开【牛奶的价值】文档，在文档中插入【牛奶】图片，然后将标题文字设置为艺术字样式，将图片的文字环绕方式设置为【四周型环绕】，并调整文档的效果，如图4-101所示。

图4-100 绘制企业组织结构图

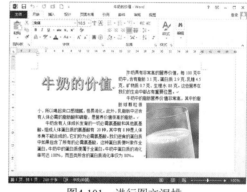

图4-101 进行图文混排

第5章

应用表格处理文档

学习目标

在Word中不仅可以创建图文混排的文档，还能创建表格数据，以方便对数据进行编辑和管理，突出数据信息，使阅读者一目了然。本章将详细介绍如何在文档中创建并编辑表格。

本章重点

- ◉ 创建表格
- ◉ 编辑表格
- ◉ 美化表格效果
- ◉ 表格数据计算和排序
- ◉ 表格和文本相互转换

5.1 创建表格

在应用表格之前，首先要绘制表格。在Word中绘制表格的方式有很多种，其中包括直接插入表格、使用【插入表格】对话框、手动绘制表格等。

5.1.1 直接插入表格

Word为用户提供了创建表格的快捷工具，通过它用户可以轻松方便地插入需要的表格。不过需要注意的是，该方法只适合插入10列8行以内的表格，其方法如下。

单击【插入】选项卡，在【表格】组中单击【表格】下拉按钮，在弹出的下拉列表中选择要插入表格的行列数（如5×4表格），如图5-1所示，即可在文档中显示插入所选行列数的表格，如图5-2所示。

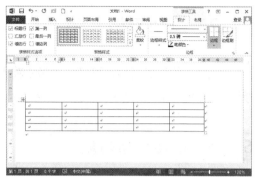

图5-1　选择行列数　　　　　　　　　　　　图5-2　插入表格

⑤.1.2　通过对话框插入表格

通过【插入表格】对话框可以设置插入表格的任意行数和列数，同时也可以设置表格的自动调整方式，其方法如下。

单击【插入】选项卡，在【表格】组中单击【表格】下拉按钮，在弹出的下拉列表中选择【插入表格】选项，打开【插入表格】对话框，在【表格尺寸】选项区域中可以设置表格的列数和行数，如图5-3所示，单击【确定】按钮，即可插入指定列数和行数的表格。

⑤.1.3　手动绘制表格

手动绘制表格是指用户拖动鼠标绘制表格。通过绘制表格的操作，可以直接创建出需要的表格效果，其方法如下。

单击【插入】选项卡，在【表格】组中单击【表格】下拉按钮，在弹出的下拉列表中选择【绘制表格】选项。此时鼠标指针变为铅笔形状，按住鼠标左键拖动鼠标，随着鼠标指针的移动，会出现一个虚线框随着鼠标指针变化，如图5-4所示。

计算机　基础与实训教材系列

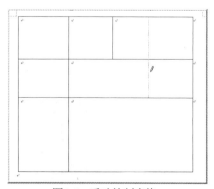

图5-3　设置行列数　　　　　　　　　　　　图5-4　手动绘制表格

5.2 编辑表格

在文档中绘制表格后，可以在表格中输入文本，还可以调整、插入或删除表格对象，以及合并或拆分单元格等操作。

5.2.1 选择表格对象

在Word中，可以使用不同的方式选择表格对象，其中包括选择单个单元格、选择一行单元格、选择一列单元格、选择不连续的多个单元格，以及选择整个表格。

1. 选择单个单元格

将鼠标指针移到单元格内的左侧位置，当指针呈现黑色斜箭头◢形状时，单击鼠标即可将该单元格选中，如图5-5所示。

2. 选择整行单元格

将鼠标指针移到需要选定行的左侧，当指针呈现白色斜箭头◺形状时，单击鼠标即可选中该行所有的单元格，如图5-6所示。

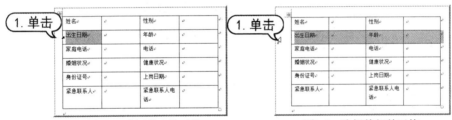

图5-5 选择单个单元格　　　　　图5-6 选择整行单元格

3. 选择整列单元格

将鼠标指针移到需要选定列的上方，指针呈现黑色下箭头↓形状时，单击鼠标即可选定该列所有的单元格，如图5-7所示。

4. 选定整个表格

单击表格左上方的十字图标，即可选定整个表格，如图5-8所示。

图5-7 选择整列单元格　　　　　图5-8 选定整个表格

5. 选择连续的单元格

将光标定位到要选择单元格区域的起始单元格中，按住鼠标并向右下方拖动，即可选择光标经过的单元格区域，如图5-9所示。

6. 选择不连续的单元格

选中要选择的第一个单元格，然后在按住Ctrl键的同时选择其他单元格，可以选择不连续的单元格，如图5-10所示。

图5-9　选择连续的单元格　　　　　图5-10　选择不连续的单元格

⑤.2.2　在表格中输入文本

创建表格后，接下来就可以在表格中输入需要的数据文本了，具体操作步骤如下。

【例5-1】插入表格并在表格中输入文本。

(1) 新建一个文档，保存为【员工信息表】，在文档中输入标题文本，并设置文本格式。

(2) 按Enter键将光标移到下一行，单击【插入】选项卡，单击【表格】组中的【表格】下拉按钮，在弹出的下拉列表中选择6×5的表格，即可插入如图5-11所示的表格。

(3) 将光标定位到表格左上角第一个单元格中，并输入文本【序号】，如图5-12所示。

图5-11　插入表格

图5-12　在表格中输入文本

(4) 使用同样的方法，在表格中输入其他文本内容，如图5-13所示。

(5) 选中整个表格，在【开始】选项卡中设置表格文本的字体为【仿宋】、字号为【12】磅，如图5-14所示。

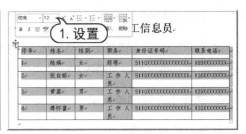

图5-13　输入其他文本　　　　　　　　　　图5-14　设置字体格式

⑤.2.3　调整行高和列宽

在表格中，同一行中的所有单元格具有相同的高度，用户可以针对不同的行，设置不同的行高，也可以设置指定单元格的列宽。下面将详细介绍行高和列宽的调整方法。

1. 使用鼠标调整行高和列宽

【例5-2】使用鼠标调整行高和列宽。

(1) 打开【例5-1】制作的【员工信息表】文档。

(2) 将鼠标指针置于要调整的单元格水平边线上，当指针呈现上下箭头 ↕ 形状时，拖动鼠标即可调整行高，如图5-15所示。

(3) 将鼠标指针置于要调整的单元格垂直边线上，当指针呈现左右箭头 ↔ 形状时，拖动鼠标即可调整列宽，如图5-16所示。

图5-15　调整行高　　　　　　　　　　　图5-16　调整列宽

2. 使用功能区调整行高和列宽

【例5-3】使用功能区调整行高和列宽。

(1)打开【例5-2】制作的【员工信息表】文档。

(2) 选中整个表格，单击【布局】选项卡，单击【单元格大小】组中的【自动调整】下拉按钮，在弹出的列表中选择【根据内容自动调整表格】选项，如图5-17所示。

(3) 根据内容自动调整表格后，表格中的内容将按每一列的文本内容重新调整列宽，调整后的表格看上去更加紧凑、整洁，如图5-18所示。

图5-17　根据内容自动调整表格　　　　图5-18　按内容调整表格后的效果

(4) 在【自动调整】下拉列表中选择【根据窗口自动调整表格】选项，表格中每一列的宽度将按照相同的比例扩大，调整后的表格宽度与正文区域的宽度相同，如图5-19所示。

(5) 在【自动调整】下拉列表中选择【固定列宽】选项，将使用当前光标所在的宽度为固定宽度，当单元格内文本超出该单元格长度时，将自动换到下一行。

(6) 选择要调整行的单元格中，在【单元格大小】组中的【高度】数值框中输入要设置的行高，按Enter键进行确认，即可精确调整单元格的高度，如图5-20所示。

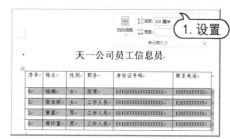

图5-19　根据窗口自动调整表格　　　　图5-20　指定单元格的高度

提示

　　将光标定位在某个单元格中，或是选中某一列单元格，在【单元格大小】组中的【宽度】数值框中可以精确设置该列的宽度；如果选中某个单元格，在【单元格大小】组中的【宽度】数值框中可以单独设置该单元格的宽度。

5.2.4　在表格中插入行和列

根据输入表格内容的需要，有时需要在已有的表格中插入新的行或列，具体操作步骤如下。

【例5-4】在表格中插入行和列。

(1) 打开【例5-3】制作的【员工信息表】文档。

(2) 将光标置于最后一行任意单元格中，单击【布局】选项卡，在【行和列】组中单击【在下方插入】按钮，此时在该行的下方将插入一行空白单元格，如图5-21所示。

(3) 将光标定位到第3列任意单元格中，单击【行和列】组中的【在右侧插入】按钮，此时

计算机 基础与实训教材系列

在该列的右侧将插入一列空白单元格，如图5-22所示。

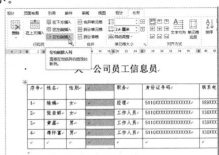

图5-21　在下方插入一行单元格　　　　　　图5-22　在右侧插入单元格

(4) 将光标定位到第一行最后一个单元格中，单击【行和列】组右下角的【表格插入单元格】按钮，打开【插入单元格】对话框，选中【活动单元格右移】单选按钮，如图5-23所示。

(5) 单击【确定】按钮，此时当前活动单元格右移，原单元格位置插入了一个空白单元格，如图5-24所示。

图5-23　【插入单元格】对话框　　　　　　图5-24　插入单个单元格

 提示 -----

　　将光标定位到表格的最后一行的最后一个单元格中，按一下 Tab 键，会在下方生成一行相同的表格；将光标定位到表格某行的最后一个单元格外，按 Enter 键，会在其下方生成一行相同表格。

⑤.2.5　删除行、列或单元格

对于多余的行、列或单元格，可以将其删除，操作方法如下。

【例5-5】在表格中删除不需要的行、列和单元格。

(1) 打开【例5-4】制作的【员工信息表】文档。

(2) 将光标定位在第1行、第7列的单元格中，单击【布局】选项卡，在【行和列】组中单击【删除】下拉按钮，在弹出的下拉列表中选择【删除单元格】选项，如图5-25所示。

(3) 在打开的【删除单元格】对话框中选中【右侧单元格左移】单选按钮，如图5-26所示。

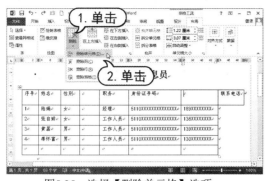

图5-25　选择【删除单元格】选项　　　　　　图5-26　【删除单元格】对话框

(4) 单击【确定】按钮，光标所在的单元格即可被删除，如图5-27所示。

(5) 将光标定位在第3行的某个单元格中，单击【删除】下拉按钮，在弹出的下拉列表中选择【删除行】选项，如图5-28所示，光标所在的行将被删除。

图5-27　删除单个单元格

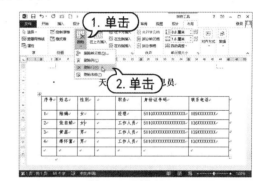

图5-28　删除行

计算机
基础
与实训教材系列

(6) 将光标定位在第1列的某个单元格中，单击【删除】下拉按钮，在弹出的下拉列表中选择【删除列】选项，如图5-29所示，光标所在的列将被删除。

(7) 将光标放置在表格的任一单元格中，单击【删除】下拉按钮，在弹出的下拉列表中选择【删除表格】选项，如图5-30所示，整个表格将被删除。

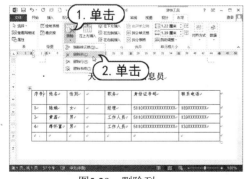

图5-29　删除列

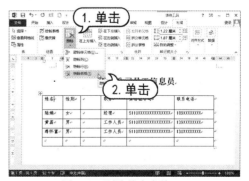

图5-30　删除整个表格

⑤.2.6 合并和拆分表格

在实际工作中，有时需要将一个单元格或表格拆分多个，或需要将几个单元格合并为一个，具体操作方法如下。

【例5-6】合并表格中的单元格。

(1) 打开【业绩总结】文档。

(2) 选中第1行所有的单元格，单击【布局】选项卡，在【合并】组中单击【合并单元格】按钮，如图5-31所示。

(3) 经过上一步操作后，所选的多个单元格将合并为一个单元格。将光标置于第1行的单元格中，选择【开始】选项卡，在【段落】组中单击【居中】对齐按钮三，如图5-32所示。

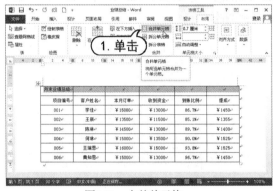

图5-31 合并单元格

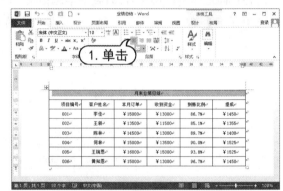

图5-32 居中对齐文本

【例5-7】拆分表格中的单元格。

(1) 将光标置于第1行的单元格中，然后在【合并】组中单击【拆分单元格】按钮。

(2) 打开【拆分单元格】对话框，在【列数】文本框中输入1、在行数文本框中输入2，如图5-33所示。

(3) 单击【确定】按钮，即可将第一行拆分为两行单元格；然后在第2行的单元格中输入日期，再将其右对齐，如图5-34所示。

图5-33 拆分单元格

图5-34 输入日期

知识点

　　将光标定位在某个单元格中，在【合并】组中单击【拆分表格】按钮，可以将表格拆分为两个表格，光标以上的位置为一个表格，光标及其以下的位置为另一个表格。

⑤.2.7　设置表格对齐方式

　　在Word中，既可以设置表格的对齐方式，也可以设置表格中文本在水平和垂直位置的对齐方式，具体操作方法如下。

　　【例5-8】将表格和表格中的数据设置为居中对齐。

　　(1) 打开【例5-7】制作的【业绩总结】文档。

　　(2) 选择整个表格对象，在【开始】选项卡的【段落】组中单击【居中】按钮，将表格在文档中居中，如图5-35所示。

　　(3) 将光标放置到表格的任意单元格中，单击【布局】选项卡，单击【单元格大小】组右下角的【表格属性】按钮，如图5-36所示。

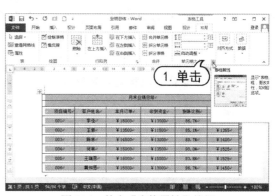

图5-35　将表格居中　　　　　　　　图5-36　单击【表格属性】按钮

　　(4) 打开【表格属性】对话框，在【对齐方式】选项组中可以设置表格在文档中下的对齐方式；在【文字环绕】选项组中可以设置表格与文字的环绕效果，如图5-37所示。

　　(5) 选中表格中第3行至第9行的文本，单击【布局】选项卡，在【对齐方式】组中单击【水平居中】按钮，选择的文本在单元格内的水平和垂直位置都将居中，如图5-38所示。

计算机 基础与实训教材系列

图5-37 设置对齐方式

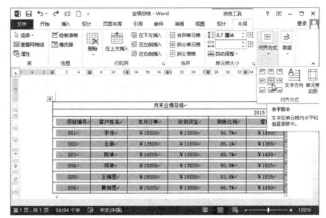

图5-38 设置水平和垂直居中

5.2.8 绘制表格斜线

在实际工作中，经常需要为表格绘制斜线表头，以区分表格左侧和上方的标题内容。绘制斜线表头的具体操作如下。

【例5-9】在单元格中绘制斜线表头。

(1) 打开【例5-8】制作的【业绩总结】文档。

(2) 将光标第3行的第1个单元格中，单击【设计】选项卡，在【边框】组中单击【边框】下拉按钮，在弹出的下拉列表中选择【斜下框线】◻选项，如图5-39所示。

(3) 在第3行的第1个单元格添加斜线后，将光标放在【项目编号】文字中间，按Enter键换行，并通过按空格键调整文字的位置，如图5-40所示。

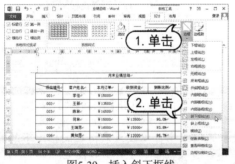

图5-39 插入斜下框线

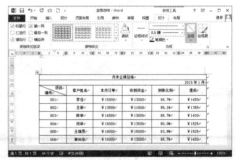

图5-40 调整文字的位置

 提示

除了可以直接为单元格插入斜线表头外，还可以单击【设计】选项卡，在【边框】组中单击【边框】下拉按钮，选择【绘制表格】◻选项，这时鼠标光标会变成铅笔状，在单元格中拖动鼠标即可绘制斜线。在绘制表格线段时，绘图工具会自带捕捉顶点的功能，例如，在选择了一点后，它将以画横线、竖线和对角线的方式捕捉另一点。

⑤.3 美化表格效果

制作表格的操作中，用户还可以为其添加边框和底纹等样式，使表格看起来更加美观，或使重点单元格达到突出显示的效果。

⑤.3.1 设置表格边框和底纹

一个清晰明了的表格常常都会边框分明，或者添加一些底纹，而其中的内容也会显得更加清晰明了。

【例5-10】设置表格的边框和底纹。

(1) 打开【销售统计表】文档。

(2) 选中整个表格，选择【设计】选项卡，在【边框】组中单击【边框】下拉按钮，在弹出的下拉列表中选择【边框和底纹】选项，如图5-41所示。

(3) 弹出【边框和底纹】对话框，单击【设置】选项组中的【全部】按钮，在【样式】列表框中选择双线型，如图5-42所示。

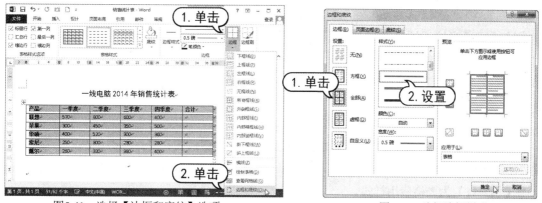

图5-41 选择【边框和底纹】选项　　　　　图5-42 选择边框样式

(4) 单击【确定】按钮返回到文档中，即可为表格添加边框效果，如图5-43所示。

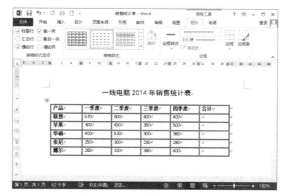

图5-43 添加边框后的效果

(5) 选中第1行的所有单元格，单击【边框】下拉按钮，在弹出的下拉列表中选择【边框和底纹】选项。

(6) 打开【边框和底纹】对话框，单击【底纹】选项卡，在【填充】颜色下拉列表框中选择【紫色】选项，如图5-44所示。

(7) 单击【确定】按钮返回到文档中，即可为表格设置底纹效果，如图5-45所示。

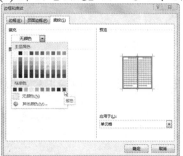

图5-44 选择底纹颜色

图5-45 设置底纹效果

 提示

选择表格后，在【开始】选项卡的【段落】组中单击【边框】下拉按钮，在弹出的下拉列表中也可以设置表格的边框和底纹。

⑤.3.2 应用表格样式

在文档中插入表格后，用户还可以使用Word预置的表格样式来美化表格，使用表格样式美化表格的操作方法如下。

【例5-11】为表格应用样式。

(1) 打开【例5-10】制作的【销售统计表】文档。

(2) 将光标定位在表格的任意位置，单击【设计】选项卡，在【表格样式】列表框中选择【网格表5-着色1】选项，如图5-46所示。

(3) 返回到文档，即为表格应用所选择样式的效果，如图5-47所示。

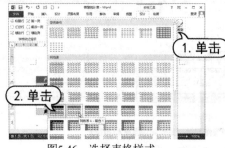

图5-46 选择表格样式

图5-47 应用表格样式后的效果

5.4　表格数据计算与排序

随着表格中数据的增多，表格内容也会越来越复杂，这就需要对表格的内容进行数据计算和排序管理。

5.4.1　计算表格中的数据

如果要对表格中的数据进行统计，那就需要对多种数据进行计算，在Word中，可以使用公式来自动计算表格中的数据。

【例5-12】对表格中的销售数据进行计算。

(1) 打开【例5-11】制作的【销售统计表】文档。

(2) 将光标定位在【合计】文本下方的单元格中，单击【布局】选项卡，在【数据】组中单击【公式】按钮，如图5-48所示。

(3) 打开【公式】对话框，其中已经自动输入了公式【=Sum(LEFT)】，表示对左侧的数据进行求和，这里无须修改，如图5-49所示。

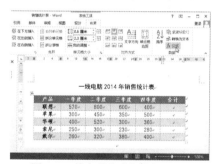

图5-48　单击【公式】按钮

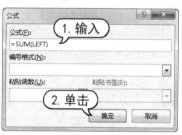

图5-49　输入公式

(4) 单击【确定】按钮，系统会自动计算求和结果，并填入单元格中，如图5-50所示。

(5) 使用同样的方法计算【合计】列中其他单元格的数值，如图5-51所示。

一线电脑 2014 年销售统计表

产品	一季度	二季度	三季度	四季度	合计
联想	570	800	600	400	2370
苹果	300	450	350	500	
华硕	400	520	300	360	
索尼	250	300	230	280	
戴尔	260	320	380	400	

图5-50　自动计算求和的效果

一线电脑 2014 年销售统计表

产品	一季度	二季度	三季度	四季度	合计
联想	570	800	600	400	2370
苹果	300	450	350	500	1600
华硕	400	520	300	360	1580
索尼	250	300	230	280	1060
戴尔	260	320	380	400	1360

图5-51　全部自动求和的效果

知识点

完成对表格中各种数据的计算以后，如果更新表格中的某些数据，将会导致计算的结果不准确，若想更新计算结果，可以将光标移动到计算结果上，然后按F9键即可。用户也可以选中整个表格，然后按F9键，这样更新的是整个表格中所有的计算结果。

5.4.2 对表格数据进行排序

为了方便查看表格中的数据，可以对表格中的数据进行排序。在Word中，可以按照递增或递减的顺序把表格内容按笔画、数值、拼音或日期进行排序。

【例5-13】对表格中的销售数据进行排序。

(1) 打开【例5-12】制作的【销售统计表】文档。

(2) 在表格中选择要排序的单元格区域，单击【布局】选项卡，在【数据】组中单击【排序】按钮，如图5-52所示。

(3) 弹出【排序】对话框，单击【主要关键字】下拉按钮，在弹出的下拉列表中选择【合计】选项，如图5-53所示。

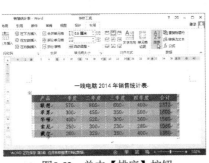

图5-52　单击【排序】按钮

图5-53　设置主要关键字

(4) 单击【确定】按钮，系统将以【合计】列中的单元格数据，自动按升序排列表格中的内容，效果如图5-54所示。

图5-54　按升序排列后的效果

提示

在进行排序的时候，如果主要关键字相同，将会按次要关键字进行排序。

5.5 文本与表格的转换

在Word中，可以在文本和表格之间进行相互转换，以满足用户在不同情况下的需求，下面将对其操作进行详细的介绍。

⑤.5.1 将表格转换为文本

在Word中，可以将表格中的内容转换为普通的文本段落，并将原来各单元格中的内容用段落标记、逗号、制表符或用户指定的特定分隔符隔开。

【例5-14】将表格内容转换为文本内容。

(1) 打开【例5-13】制作的【销售统计表】文档。

(2) 将光标置于表格中，单击【布局】选项卡，在【数据】组中单击【转换为文本】按钮，如图5-55所示。

(3) 打开【表格转换成文本】对话框，在【文字分隔符】选项组中选中【逗号】单选按钮，如图5-56所示。

图5-55 单击【转换为文本】按钮

图5-56 选择文字分隔符

(4) 单击【确定】按钮，即可将表格内容转换成为文本内容，如图5-57所示。

图5-57 将表格转换为文本

> **知识点**
>
> 在【文字分隔符】选项栏中选中【其他字符】单选按钮，可以设置更多的符号作为表格间的分隔符，还可以设置文字作为表格间的分隔符。

⑤.5.2 将文本转换为表格

在Word中，不仅可以将表格转换为文本，也可以将用段落标记、逗号、制表符或其他特定字符隔开的文本转化为表格。

【例5-15】将文本内容转换为表格内容。

(1) 打开【例5-14】制作的【销售统计表】文档。

(2) 选中标题以外的所有文本，单击【插入】选项卡，在【表格】组中单击【表格】下拉按钮，在弹出的下拉面板中选择【文本转换成表格】选项，如图5-58所示。

(3) 打开【将文字转换成表格】对话框，设置好表格列数和行数，然后在【文字分隔位置】选项组中选中【逗号】单选按钮，如图5-59所示。

图5-58 选择【文本转换成表格】选项

图5-59 设置文字分隔位置

(4) 单击【确定】按钮，即可将文本转换为表格，如图5-60所示。

图5-60 文本转换为表格

提示

要将普通的文本内容转换为表格对象，首先要设置好统一的分隔符号，然后进行表格的转换。

⑤.6 上机练习

本节上机练习将通过制作【日历】和【职工信息表】两个文档，帮助读者进一步掌握本章所学的知识。

⑤.6.1 制作日历表格

本次练习将制作一张2015年3月的日历表格。练习创建表格、输入表格内容和套用表格样式的操作方法。下面介绍制作【日历】表格的操作。

(1) 新建一个空白文档，将其保存为【日历】。

(2) 在文档第1行输入当前的年份和月份，将其字体设置为【隶书】、字号为【22】磅、字体加粗，如图5-61所示。

(3) 按Enter键切换到第2行，然后单击【插入】选项卡，在【表格】组中单击【表格】下拉按钮，在弹出的下拉列表中选择插入7×6表格，如图5-62所示。

图5-61　输入标题文本

图5-62　插入表格

(4) 在表格的第1行中依次输入的"星期日"至"星期六"，设置字体为【黑体】，字号为【12】，如图5-63所示。

(5) 从第1行的第一个单元格开始依次从上往下输入数字1到31，设置字体为【Arial Black】，字号为【12】，如图5-64所示。

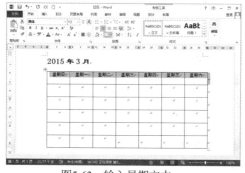

图5-63　输入星期文本

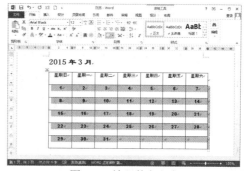

图5-64　输入数字文本

(6) 选中整个表格，单击【设计】选项卡，在【表格样式】下拉列表框中选择【网格表5-着色2】选项，如图5-65所示，得到的效果如图5-66所示。

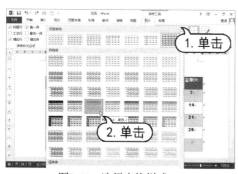

图5-65　选择表格样式

图5-66　表格样式效果

(7) 选中表格中所有的文本，单击【布局】选项卡，在【对齐方式】组中单击【水平居中】

按钮 ☰，如图5-67所示。

(8) 选中整个表格，在【单元格大小】组的高度文本框中输入数值1.2厘米，然后按Enter键确定，效果如图5-68所示。

计算机
基础
与
实训
教材
系列

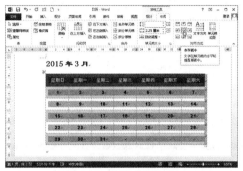

图5-67　设置对齐方式

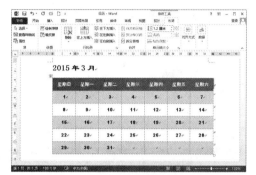

图5-68　完成效果

⑤.6.2　制作员工档案表

员工档案表是指企业劳动、人事部门在招用、调配、培训、考核、奖惩和任用等工作中形成的有关员工个人经历、政治思想、业务技术水平、工作表现以及工作变动等情况的文件材料。下面通过制作【员工档案表】文档，巩固本章学习的知识点。

(1) 新建一个Word文档，将其保存为【员工档案表】。

(2) 输入标题文本【员工档案表】，设置字体样式为【黑体】、字号为【26】、字体加粗、对齐方式为【居中】，如图5-69所示。

(3) 按Enter键切换到下一行，单击【插入】选项卡，在【表格】工具组中单击【表格】下拉按钮，在弹出的下拉列表中选择【插入表格】选项，如图5-70所示。

图5-69　输入标题文本

图5-70　选择【插入表格】选项

(4) 在弹出的【插入表格】对话框中输入列数为5，行数为18，如图5-71所示。

(5) 单击【确定】按钮插入表格，效果如图5-72所示。

(6) 在前8行的表格中输入【个人资料】相关的项目名称，设置字体样式为【楷体】、字号为【12】、对齐方式为【左对齐】，如图5-73所示。

图5-71 设置行列数　　　　　　　图5-72 插入行列数后的效果

(7) 在第9行和第10行输入【教育程度】的相关内容，在第14行和第15行输入【工作经历】的相关内容，如图5-74所示。

图5-73 输入个人资料文本　　　　　图5-74 输入其他内容文本

(8) 选中【个人资料】所在的第1行单元格并右击，在弹出的快捷菜单中选择【合并单元格】命令，如图5-75所示。

(9) 使用同样的方法，将【教育程度】、【工作经历】和其他需要合并的单元格进行合并，如图5-76所示。

图5-75 合并第1行单元格　　　　　图5-76 合并其他单元格

(10) 选中整个表格，单击【设计】选项卡，单击【边框】组中的【边框】下拉按钮，在弹出的菜单中选择【边框和底纹】选项，如图5-77所示。

(11) 在打开的【边框和底纹】对话框中单击【边框】选项卡，在【设置】选项组中选择【虚框】选项，在【宽度】选项栏中设置宽度为【1.5磅】，如图5-78所示。

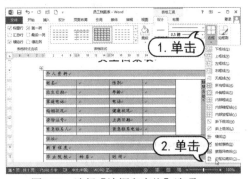

图5-77　选择【边框和底纹】选项　　　　　　　图5-78　设置边框效果

(12) 单击【确定】按钮，将表格边框加粗后的效果如图5-79所示。

(13) 将光标定位在【教育程度】行中，然后单击【布局】选项卡，在【合并】组中单击【拆分表格】按钮，如图5-80所示。

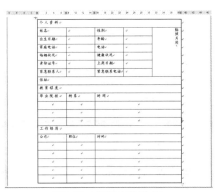

图5-79　加粗表格边框　　　　　　　　　　　图5-80　选择底纹颜色

(14) 在【教育程度】行对表格进行拆分后的效果如图5-81所示。

(15) 将光标定位中【工作经历】行中，然后对表格进行拆分，然后将每个表格中第1行的文字设置为【黑体】、字号为【14】、效果为【加粗】，效果如图5-82所示。

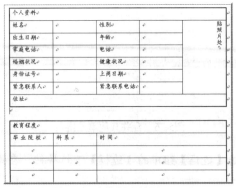

图5-81　表格拆分效果　　　　　　　　　　　图5-82　完成效果

⑤.7　习题

1. 如何在表格中选中多个不连续的单元格？

2. 如何设置表格中的行高和列宽？

3. 如何在表格中插入行或列？

4. 在完成了对表格中各种数据的计算以后，如果其中的数据有改变，如何对计算结果进行更新？

5. 在Word中，如何对文本和表格进行相互转换？

6. 参照如图5-83所示的效果，绘制该课程表。

7. 参照如图5-84所示的效果，绘制该工资表，其中的实发工资使用公式计算得到。

图5-84　绘制工资表

图5-83　绘制课程表

应用 Word 高级功能

学习目标

本章将学习Word的高级功能，包括设置页面的水印效果、添加页眉页脚、为文档添加保护、打印设置、创建目录以及文档的审阅等。通过本章的学习，读者能够更加深入地掌握Word 的应用知识。

本章重点

- ◉ 加密和保护文档
- ◉ 插入页眉和页脚
- ◉ 美化页面效果
- ◉ 批注和修订文档
- ◉ 提取文档目录
- ◉ 页面设置和打印

6.1 加密和保护文档

如果不想Word文档中的内容被其他人看到，或者不想被其他人修改，可以对文档进行加密保护，或通过【限制编辑】功能限制他人编辑文档。

6.1.1 为 Word 文档加密码

为了防止重要文件被他人窃取，可以在保存文档时对其进行加密设置。对已保存过的文档进行加密时，可以通过另存文档的方式对其进行加密设置。

【例6-1】对【合同协议书】文档进行加密。

(1) 打开【合同协议书】文档，然后对文档进行另存操作。

(2) 打开【另存为】对话框，单击【工具】下拉按钮，在下拉列表中选择【常规选项】命令，如图6-1所示。

(3) 在打开的【常规选项】对话框中设置打开和修改文档的密码(如【123】)并确定，如图6-2所示。

图6-1　选择【常规选项】命令　　　　图6-2　设置文档的密码

(4) 在打开的【确认密码】对话框中再次输入相同的密码进行确认，完成文档密码的设置。

 提示

在 Excel 和 PowerPoint 中对文档进行加密码的操作与 Word 中的操作相似。

6.1.2　限制文档的编辑

通过Word 的【限制编辑】功能，可以控制其他人对此文档所做的更改类型，例如限制格式的设置、内容的编辑等。

【例6-2】限制文档的编辑。

(1) 打开【合同协议书】文档。

(2) 单击【审阅】选项卡，在【保护】组中单击【限制编辑】按钮，如图6-3所示。

图6-3　单击【限制编辑】按钮

(3) 打开【限制格式和编辑】窗格，选中【限制对选定的样式设置格式】复选框，单击【设置】链接，如图6-4所示。

(4) 打开【格式设置限制】对话框,选中【限制对选定的样式设置格式】复选框,在【当前允许使用的样式】列表框中选择允许使用的样式,然后单击【确定】按钮即可,如图6-5所示。

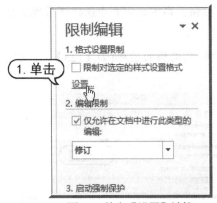

图6-4　单击【设置】链接

图6-5　限制对选定的样式设置格式

(5) 在【限制编辑】窗格中选中【仅允许在文档中进行此类型的编辑】复选框,在下方的列表框中选择【修订】选项,如图6-6所示。

(6) 单击【是,启动强制保护】按钮,打开【启动强制保护】对话框,输入要强制保护的密码(如【123】),单击【确定】按钮即可对文档修改权限进行限制,如图6-7所示。

图6-6　选择编辑类型

图6-7　输入密码

⑥.2　插入页眉和页脚

页眉与页脚是正文之外的内容。通常情况下,页眉位于页面最上方,用于显示文档的主要内容;页脚则位于页面最下方,用于显示文档的页码、日期等。

⑥.2.1　插入页眉

在插入页眉的过程中,可以使用Word提供的预设页眉样式,包括空白、边线型、传统型、瓷砖型、堆积型、反差型等,为文档插入页眉的方法如下。

【例6-3】在文档中插入页眉。

(1) 打开【合同协议书】文档。单击【插入】选项卡，在【页眉和页脚】组中单击【页眉】下拉按钮，在弹出的下拉列表中选择【传统型】选项，如图6-8所示。

(2) 返回到文档中，即可在文档中插入页眉，效果如图6-9所示。

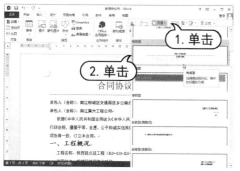

图6-8 选择页眉样式

图6-9 插入页眉后的效果

(3) 单击页眉右侧的【年】文本，出现日期下拉列表框，选择文档制作的当前年份和日期，如图6-10所示，单击【关闭页眉和页脚】按钮▣，完成页眉的插入操作。

图6-10 选择年份和日期

知识点

单击【页眉和页脚工具】|【设计】选项卡，在【选项】组中选中【首页不同】复选框，可以在首页中不显示页眉和页脚内容。

6.2.2 插入页脚

页脚的形式和功能基本和页眉相同，插入页脚的方法与插入页眉相同，其操作方法如下。

【例6-4】在文档中插入页脚。

(1) 打开【例6-3】制作的【合同协议书】文档。单击【插入】选项卡，在【页眉和页脚】组中单击【页脚】下拉按钮，在弹出的下拉列表中选择【堆积型】选项，如图6-11所示。

(2) 插入页脚样式后，单击页脚中的提示文本，可以重新输入页脚内容，如图6-12所示，单击【关闭页眉和页脚】按钮▣，完成页脚的插入操作。

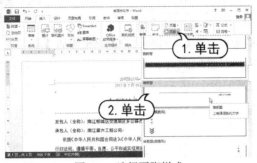

图6-11　选择页脚样式

图6-12　输入页脚文本

⑥.2.3　插入页码

Word提供了多种样式的页码设置，用户可以在页眉页脚视图下插入、编辑页码，具体的操作方法如下。

【例6-5】为文档添加页码。

(1) 打开【例6-4】制作的【合同协议书】文档。

(2) 单击【插入】选项卡，在【页眉和页脚】组中单击【页码】下拉按钮，在弹出的菜单中选择【设置页码格式】命令，如图6-13所示。

(3) 打开【页码格式】对话框，在【页码编号】栏设置【起始页码】为【1】，然后单击【确定】按钮，如图6-14所示。

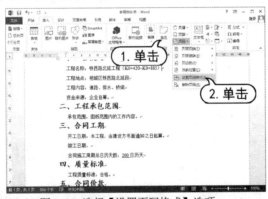

图6-13　选择【设置页码格式】选项

图6-14　设置页码格式

(4) 单击【插入】选项卡，在【页眉和页脚】组中单击【页码】下拉按钮，在弹出的菜单中选择【页面底端】|【普通数字3】命令，如图6-15所示。

(5) 即可在页面底端的右方插入页码内容，如图6-16所示，单击【关闭页眉和页脚】按钮 ✕，完成页码的插入操作。

计算机基础与实训教材系列

图6-15　选择页码样式

图6-16　插入页码后的效果

6.3　美化页面效果

Word 提供了多种美化文档页面的功能，如设置水印效果、设置页面背景，以及页面边框等，在前面章节中已经介绍了页面边框的设置方法，这里就不再重复介绍了。

6.3.1　设置页面背景

Word提供了页面背景设置的功能，可以对页面进行颜色设置和图片设置，其具体操作方法如下。

【例6-6】为文档设置页面背景。

(1) 打开【例6-5】制作的【合同协议书】文档。

(2) 单击【设计】选项卡，在【页面背景】组中单击【页面颜色】下拉按钮，在弹出的下拉列表中选择【浅蓝】选项，即可将页面背景颜色设置为浅蓝色，如图6-17所示。

(3) 将页面背景设置为渐变色。首先在【页面颜色】下拉列表中选择【填充效果】选项，打开【填充效果】对话框，在【渐变色】选项卡中可以设置页面背景的渐变色效果，如图6-18所示。

图6-17　选择页面背景颜色

图6-18　设置渐变色效果

计算机基础与实训教材系列

(4) 在【填充效果】对话框中单击【纹理】选项卡，可以设置页面背景的纹理效果，如图6-19所示。例如，使用【水滴】纹理的效果如图6-20所示。

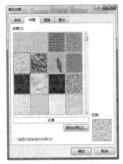

图6-19　选择【纹理】效果　　　　　　　图6-20　【水滴】纹理效果

(5) 在【填充效果】对话框中单击【图案】选项卡，可以在其中选择一种图案作为页面背景的图案，如图6-21所示。

(6) 将页面背景设置为图片。首先在【填充效果】对话框中选择【图片】选项卡，然后单击【选择图片】按钮，如图6-22所示。

计算机 基础与实训教材系列

图6-21　选择图案背景　　　　　　　图6-22　单击【选择图片】按钮

(7) 在系统提示下选择脱机工作，然后在打开的【选择图片】对话框中选择需要作为页面背景的图片，如图6-23所示。

(8) 单击【插入】按钮，即可将选择的图片插入到页面背景中，效果如图6-24所示。

图6-23　选择图片　　　　　　　　图6-24　图片背景效果

⑥.3.2　设置页面水印

Word 中的水印效果类似于一种页面背景，但水印中的内容多是文档所有者的名称等信息。Word提供了图片与文字两种水印，下面将详细介绍如何设置水印效果。

【例6-7】为文档设置水印效果。

(1) 打开 【合同协议书】文档。

(2) 单击【设计】选项卡，在【页面背景】组中单击【水印】下拉按钮，在弹出的下拉列表中选择【机密1】选项，如图6-25所示。

(3) 返回到文档中，即可为页面添加水印效果，如图6-26所示。

💡 **提示**

> 添加页面的水印后，不能直接将其删除。可以单击【设计】选项卡，在【页面背景】组中单击【水印】下拉按钮，在弹出的下拉列表中选择【删除水印】选项，即可将水印删除。

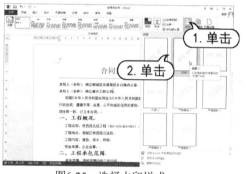

图6-25　选择水印样式

图6-26　添加水印后的效果

(4) 在【页面背景】组中单击【水印】下拉按钮，在弹出的下拉列表中选择【自定义水印】选项，打开【水印】对话框，可以设置【文字水印】和【图片水印】的效果，如图6-27所示。

(5) 在【水印】对话框中选中【图片水印】单选按钮，然后单击【选择图片】按钮，可以选择电脑中的图片作为页面的水印效果，如图6-28所示。

图6-27　设置水印效果

图6-28　设置图片水印

6.4 提取文档目录

一般的书籍、论文等长文档在正文开始之前都有目录，读者可以通过目录来了解正文主要内容，并且可以快速定位到某个标题。

6.4.1 在文档中插入目录

用户可以通过操作使Word文档自动生成目录，如果文档内容发生改变，用户只需要更新目录即可，操作方法如下。

【例6-8】在文档中插入一级标题的目录。

(1) 打开【产品使用说明书】文档，将光标定位在【目录】段落的下一行中。

(2) 单击【引用】选项卡，在【目录】组中单击【目录】下拉按钮，在弹出的下拉列表中选择【自定义目录】选项，如图6-29所示。

(3) 弹出【目录】对话框，在【常规】选项区域中将【显示级别】设置为【1】，即目录中只显示一级标题，如图6-30所示。

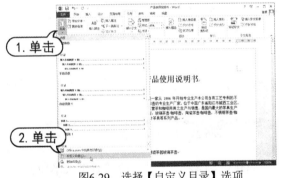

图6-29 选择【自定义目录】选项

图6-30 设置目录显示级别

(4) 单击【确定】按钮，即可在光标定位处插入自动生成的一级目录，如图6-31所示。

(5) 选中目录文本，可以为其设置文字格式，例如将其字体设置为【楷体】、字号设置为12磅，如图6-32所示。

图6-31 生成目录后的效果

图6-32 设置文字格式

⑥.4.2 更新文档中的目录

如果文章中的标题发生变化，自动生成的目录需要进行更新，以保持与文字标题一致，更新目录的操作方法如下。

【例6-9】更新产品说明目录。

(1) 打开【例6-8】制作的【产品使用说明书】文档，将【五、注意事项】和【六、保养知识】的内容调换一下顺序，并修改标题编号。

(2) 选择【引用】选项卡，在【目录】组中单击【更新目录】按钮 。

(3) 打开【更新目录】对话框，选中【更新整个目录】单选按钮，然后单击【确定】按钮，如图6-33所示，更新后的目录效果如图6-34所示。

提示

单击【引用】选项卡，在【目录】组中单击【目录】下拉按钮，在弹出的下拉列表中选择【删除目录】选项，可以将插入的目录删除。

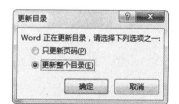

图6-33 选择更新对象

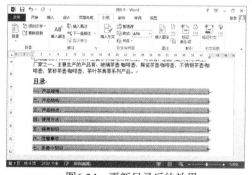

图6-34 更新目录后的效果

⑥.5 批注和修订文档

Word提供了文档的批注、修订等审阅功能，为不同用户共同协作提供了方便。下面介绍如何进行文档的批注和修订操作。

⑥.5.1 添加文档批注

在审阅文档时，审阅者如果要对文档提出修改意见，可以通过添加批注的形式来进行。添加批注后可以将修改意见与文档一起保存，以方便作者对文稿进行修改。

【例6-10】为选中的内容添加批注。

(1) 打开【产品使用说明书】文档。

(2) 选中要添加批注的文本，单击【审阅】选项卡，在【批注】组中单击【新建批注】按钮 ，如图6-35所示。

(3) 此时页面右侧将出现批注框，可以在其中输入批注的内容，如图6-36所示。

图6-35 单击【新建批注】按钮

图6-36 输入批注内容

 提示 ------------

　　如果想删除批注，可以在选中批注内容后，单击【批注】组中的【删除】按钮 ，在弹出的下拉列表中选择【删除】选项，也可以在批注文字或批注框中右击，在弹出的快捷菜单中选择【删除批注】命令。

6.5.2 修订文档内容

修订是对文档进行修改，它是在修改的同时对修改的内容加以标记，让其他人了解修改了文中的哪些内容，修订文档的具体操作方法如下。

【例6-11】对文档内容进行修订。

(1) 打开【产品使用说明书】文档。

(2) 单击【审阅】选项卡，在【修订】组中单击【修订】下拉按钮，在弹出的下拉列表中选择【修订】选项即可进入修订状态，如图6-37所示。

(3) 此时，在页面中修改的内容为修订内容，被删除的文字会添加删除线，修改的文字会以红色显示，如图6-38所示有4处修订内容。

(4) 如果要退出修订状态，需要再次单击【修订】组中的【修订】下拉按钮，在弹出的下拉列表中选择【修订】选项即可。

图6-37 进入修订状态

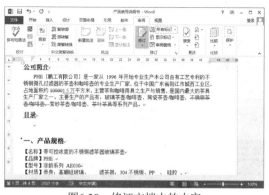

图6-38　修订文档中的内容

6.5.3　拒绝或接受修订

一个用户对文档进行校对后，本人或其他人可以通过接受或拒绝修订操作，来决定是否保留修改后的内容，其具体的操作方法如下。

【例6-12】拒绝或接受修订。

(1) 打开【例6-11】制作的【产品说明书】文档。

(2) 将光标定位到第一处修订后的内容中，单击【审阅】选项卡，在【更改】组中单击【接受】按钮，如图6-39所示。

(3) 接受修订后的内容将取消修订标记，并自动跳转至下一处修订位置，如图6-40所示。

 提示

单击【审阅】选项卡，在【更改】组中单击【接受】下拉按钮，在弹出的下拉列表中选择【接受有修订】选项，可以一次性接受所有的修订内容。

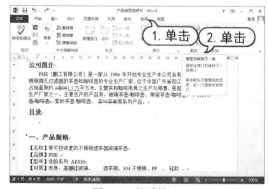

图6-39　接受修订

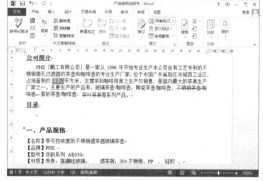

图6-40　继续审阅修订

(4) 继续在【更改】组中单击【接受】按钮，接受下一处的修订内容，并自动跳转至下一处的修订位置。

(5) 在【更改】组中单击【拒绝】下拉按钮，在弹出的下拉列表中选择【拒绝所有修订】选项，如图6-41所示，可以拒绝剩下的所有修订，效果如图6-42所示。

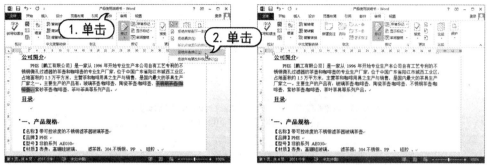

图6-41　拒绝所有修订　　　　　　　　　　图6-42　拒绝修订后的效果

6.6　页面设置和打印

当用户编辑好文档内容后，为了使文档中的文字、图片、表格等的布局和格式都排放在合适的位置，就需要对页面进行设置，才能将文档正确地打印到纸张上。

6.6.1　设置页面分栏

一般用户使用一栏样式编辑文档，但一些书籍、报纸、杂志等需要使用多栏样式，通过Word可以轻松实现分栏效果。

【例6-13】对选中的文本进行分栏设置。

(1) 打开【散文】文档。

(2) 选中除标题外的所有文本，单击【页面布局】选项卡，在【页面设置】组中单击【分栏】下拉按钮，在弹出的下拉列表中选择【两栏】选项，如图6-43所示。

(3) 返回到文档中，即可看到选中的文本已分成两栏，如图6-44所示。

图6-43　选择栏数　　　　　　　　　　图6-44　设置分栏后的效果

(4) 要详细地设置分栏效果，需要通过【分栏】对话框来进行。单击【分栏】下拉按钮，在弹出的下拉列表中选择【更多分栏】选项。

(5) 打开【分栏】对话框，在【预设】选项区域中可以选择常用的分栏设置；在【栏数】数值框中可以指定栏数；在【宽度和间距】选项区域中可以设置各栏的宽度，如图6-45所示。

(6) 例如，在【栏数】数值框中输入3，单击【确定】按钮，即可将选中的文本分成3栏，如图6-46所示。

图6-45　设置分栏参数

图6-46　设置3栏的效果

⑥.6.2　设置页边距

页边距是指页面内容和页面边缘之间的区域，用户可以根据需要设置页边距，设置页边距的操作方法如下。

【例6-14】设置文档的页边距。

(1) 打开【例6-13】制作的【散文】文档。

(2) 单击【页面布局】选项卡，在【页面设置】组中单击【页边距】下拉按钮，在弹出的下拉列表中选择【窄】选项，如图6-47所示。

(3) 设置【窄】页边距后的效果如图6-48所示。

图6-47　选择页边距样式

图6-48　设置页边距后的效果

(4) 用户也可以自定义页边距，在【页边距】下拉列表中选择【自定义边距】选项，如图6-49所示。

(5) 打开【页面设置】对话框，在【页边距】选项卡中重新输入页边距的各个数值，然后单击【确定】按钮即可，如图6-50所示。

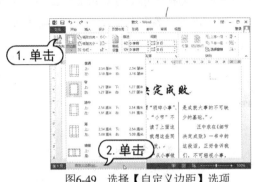

图6-49 选择【自定义边距】选项

图6-50 设置页边距数值

6.6.3 设置纸张方向

在Word默认的页面情况下，采用的是纵向纸张效果，用户可以根据需要重新设置纸张的使用方向，具体的操作方法如下。

【例6-15】设置文档页面的纸张方向。

(1) 打开【例6-14】制作的【散文】文档。

(2) 单击【页面布局】选项卡，在【页面设置】组中单击【纸张方向】下拉按钮，在弹出的下拉列表中选择【横向】选项，如图6-51所示。

(3) 此时纸张将变为横向，效果如图6-52所示。

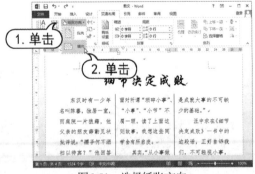

图6-51 选择纸张方向

图6-52 改变纸张方向后的效果

(4) 用户也可以在【页面设置】对话框中设置纸张的方向。单击【页面布局】选项卡，单击【页面设置】组中右下角的【页面设置】按钮，如图6-53所示。

(5) 打开【页面设置】对话框，在【纸张方向】选项区域中可以设置纸张的方向，如图6-54所示。

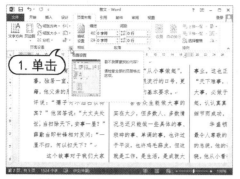
图6-53　单击【页面设置】按钮

图6-54　设置纸张方向

6.6.4　设置纸张大小

用户可以根据需要选择不同大小的纸张对文档进行打印。纸张的大小不会影响Word的排版效果。

【例6-16】设置文档的纸张大小。

(1) 打开【例6-15】制作的【散文】文档。

(2) 单击【页面布局】选项卡，在【页面设置】组中单击【纸张大小】下拉按钮，在弹出的下拉列表中选择需要的选项即可，一般常用的是A4纸，如图6-55所示。

(3) 遇到特殊情况时，用户还可以自定义纸张大小，在【纸张大小】下拉列表中选择【其他页面大小】选项，打开【页面设置】对话框，在【纸张】选项卡中可以自定义纸张的大小，如图6-56所示。

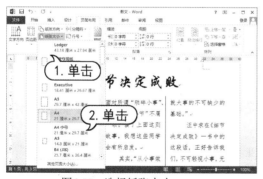
图6-55　选择纸张大小

图6-56　设置纸张大小

知识点

我国采用国际标准规定纸张规格，规定以 A0、A1、A2、B1、B2 等标记来表示纸张的幅画规格。其中 A3、A4、A5、A6 和 B4、B5、B6 等 7 种幅画规格为复印纸张的规格。

6.6.5 打印预览与打印

为了避免文档打印的效果与页面效果相差太大，用户可以在打印文档前进行打印预览，确认效果后再进行打印。

【例6-17】预览文档的打印效果并打印文档。

(1) 打开【例6-16】制作的【散文】文档。

(2) 单击【文件】按钮，在打开的菜单中选择【打印】命令，即可在预览窗口预览文档的打印效果，如图6-57所示。

(3) 在【份数】文本框中设置打印文档的份数，在【打印机】下拉列表中选择当前电脑连接的打印机，然后单击【打印】按钮🖨，即可开始打印文档，如图6-58所示。

　　图6-57　选择【打印】命令

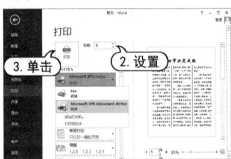
　　图6-58　设置打印选项

6.7 上机练习

本节上机练习将通过制作【企业报刊】和【工作考核办法】两个文档，帮助读者进一步掌握本章所学的知识。

6.7.1 制作企业报刊

企业报刊是企业内部员工沟通的窗口，也是融洽企业内部氛围的工具。下面运用所学的知识制作一份企业报刊。

(1) 新建一个Word文档，将其另存为【企业报刊】。

(2) 单击【页面布局】选项卡，在【页面设置】组中单击【纸张大小】下拉按钮，在弹出的下拉列表中选择【其他页面大小】选项，如图6-59所示。

(3) 打开【页面设置】对话框，单击【纸张】选项卡，在【宽度】数值框中输入【29.7厘米】、在【高度】数值框中输入【42厘米】，然后单击【确定】按钮，如图6-60所示。

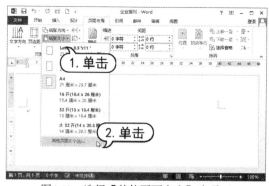
图6-59　选择【其他页面大小】选项

图6-60　设置页面宽度和高度

(4) 单击【页面布局】选项卡，在【页面设置】组中单击【纸张方向】下拉按钮，在弹出的下拉列表中选择【横向】选项，如图6-61所示。

(5) 在【页面设置】组中单击【页边距】下拉按钮，在弹出的下拉列表中选择【自定义边距】选项，如图6-62所示。

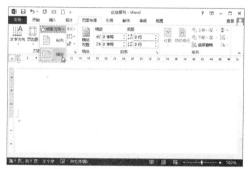
图6-61　设置纸张方向

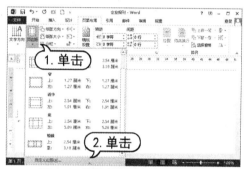
图6-62　选择【自定义边距】选项

(6) 打开【页面设置】对话框，在【页边距】选项卡中设置上下左右的页边距都为【1.5厘米】，然后单击【确定】按钮，如图6-63所示。

(7) 在文档的首行输入企业的中英文名称，并将其字体设置为【黑体】、字号为16磅，如图6-64所示。

图6-63　设置页边距

图6-64　输入企业名称

(8) 按Enter键另起一行，输入报刊日期，并将其字体设置为【楷体】、字号为16磅、文本

计算机基础与实训教材系列

右对齐。

(9) 单击【插入】选项卡，在【插图】组中单击【形状】下拉按钮，在弹出的下拉列表中选择【直线】选项，如图6-65所示。

(10) 拖动鼠标在报刊日期前面绘制一条直线，如图6-66所示。

图6-65　选择【直线】选项

图6-66　绘制直线

(11) 在【插图】组中单击【形状】下拉按钮，在弹出的下拉列表中选择【矩形】选项，拖动鼠标在页面的右上角绘制一个矩形，填充矩形为深红色，并取消轮廓，如图6-67所示。

(12) 在矩形的下方绘制4条直线，将上方两条直线填充为浅蓝色、下方两条直线填充为橙色，如图6-68所示。

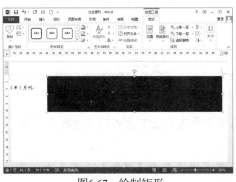

图6-67　绘制矩形

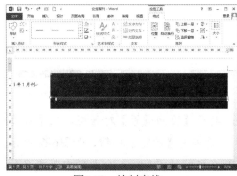

图6-68　绘制直线

(13) 单击【插入】选项卡，在【文本】组中单击【艺术字】下拉按钮，在弹出的下拉列表中选择【填充-紫色，着色4，软棱台】选项，如图6-69所示。

图6-69　选择艺术字样式

(14) 删除艺术字文本框中的默认文本，重新输入文本【天天周报】，并重新设置文字的字体和字号，然后将其摆放在深红色矩形的左上方，如图6-70所示。

(15) 在艺术字文本框右侧绘制一个横排文本框，并取消填充颜色和轮廓线，然后输入期数，编辑姓名等文本，设置文字颜色为白色、字体为【楷体】、字号分别为16磅和12磅，如图6-71所示。

图6-70　插入艺术字

图6-71　创建文本框及文字

(16) 将上面的文本框复制一次，摆放在4条直线的下方，然后输入主办方名称、日期、电话等文本。

(17) 单击【插入】选项卡，在【文本】组中单击【文本框】下拉按钮，在弹出的下拉列表中选择【绘制文本框】选项，在报刊月份下方绘制一个横排文本框。

(18) 在文本框中输入如图6-72所示的文本，并将其字体设置为【宋体】、字号为12磅。取消填充颜色，然后设置轮廓线为虚线。

(19) 参照本例的完成效果，如图6-73所示，使用前面相同的方法，继续绘制其他文本框、文字及图形。

图6-72　创建文本框及文字

图6-73　本例的完成效果

(20) 单击【审阅】选项卡，在【保护】组中单击【限制编辑】按钮，打开【限制格式和编辑】窗格，选中【仅允许在文档中进行此类型的编辑】复选框，然后在其下方的列表框中选择【不允许任何更改（只读）】选项，如图6-74所示。

(21) 按Ctrl+S组合键保存制作好的企业报刊文档，完成本例。

计算机 基础与实训教材系列

图6-74　设置文档不允许更改

⑥.7.2　制作工作考核办法文档

为了加强团队建设，提升工作人员的综合素质，在每年年终时，需要对员工进行年终考核。下面将运用所学的Word知识制作工作考核办法的文档。

(1) 新建一个Word文档，单击【快速访问】工具样中的【保存】按钮，对其进行保存，在打开的【另存为】对话框中设置文件名为【工作考核办法】，然后单击【工具】下拉按钮，在下拉菜单中选择【常规选项】命令，如图6-75所示。

(2) 在打开的【常规选项】对话框中，设置打开和修改文档的密码(如【1234】)并确定，如图6-76所示。

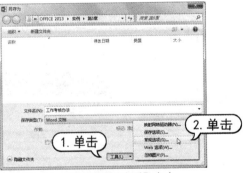

图6-75　选择【常规选项】命令

图6-76　设置文档的密码

(3) 在打开的【确认密码】对话框中再次设置相同的打开密码进行确认，如图6-77所示。

(4) 在打开的【确认密码】对话框中再次设置相同的修改密码进行确认，如图6-78所示。

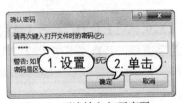

图6-77　再次输入打开密码

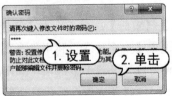

图6-78　再次输入修改密码

(5) 单击【页面布局】选项卡，在【页面设置】组中单击【纸张大小】下拉按钮，在弹出的下拉列表中选择【A4】选项，如图6-79所示。

(6) 在【页面设置】组中单击【页边距】下拉按钮，在弹出的下拉列表中选择【自定义边距】选项，如图6-80所示。

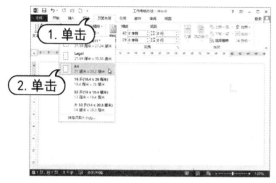
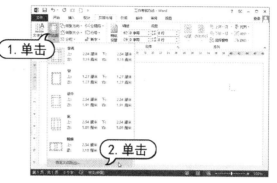

图6-79　选择纸张大小　　　　　　　　　图6-80　选择【自定义边距】选项

(7) 打开【页面设置】对话框，在【页边距】选项卡中设置上下左右的页边距都为【2.2厘米】，然后单击【确定】按钮，如图6-81所示。

(8) 在文档中输入标题文字，单击【开始】选项卡，设置标题文字的字体为【宋体】，字号为【二号】，对齐方式为【居中】，如图6-82所示。

图6-81　设置页边距　　　　　　　　　　　图6-82　创建标题文本

(9) 按两次Enter键，从第3行开始创建正文内容，设置正文的字体为【宋体】，字号为【四号】，对齐方式为【两端对齐】，如图6-83所示。

(10) 单击【插入】选项卡，单击【页眉页脚】组中的【页码】下拉按钮，在弹出的下拉列表中选择【设置页码格式】选项，如图6-84所示。

(11) 打开【页码格式】对话框，在【页码编号】选项区域中选中【起始页码】单选按钮，设置起始页码为1，如图6-85所示。

(12) 单击【设计】选项卡，单击【页面背景】组中的【水印】下拉按钮，在弹出的下拉列表中选择【自定义水印】选项，如图6-86所示。

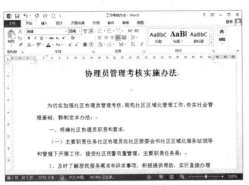

图6-83　创建正文内容

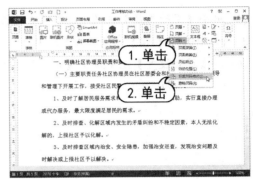

图6-84　选择【设置页码格式】选项

图6-85　设置起始页码

图6-86　选择【自定义水印】选项

(13) 打开【水印】对话框，选中【文字水印】单选按钮，保持默认设置，如图6-87所示。确定添加水印后的效果如图6-88所示。

(14) 按Ctrl+S组合键保存制作好的文档，完成本例的操作。

图6-87　设置水印

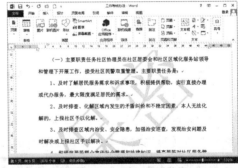

图6-88　添加水印后的效果

6.8　习题

1. Word 中的水印是什么样的？Word提供了哪两种水印？

2. 在Word中，保护文档有哪几种方法？

3. 在Word中，如何插入和修改页眉页脚中的内容？

4. 在打印文档前，一般需要对文档进行哪些设置？

5. 打开【荷塘月色】文档，对其设置页面背景，并将文档内容分为两栏，如图6-89所示。

6. 打开【网格教学】文档，对其设置页面边框和页眉，如图6-90所示。

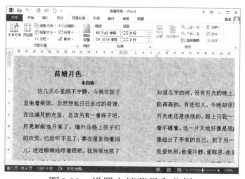

图6-89　设置文档背景和分栏

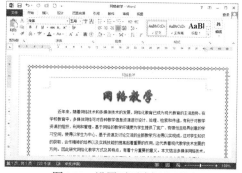

图6-90　设置页面边框和页眉

Excel 基础操作

学习目标

Excel 是微软办公套装软件的一个重要组成部分，它可以进行各种数据的处理、统计分析和辅助决策操作。本章将要学习有关Excel的一些基本操作，包括对工作表的基本操作、数据的输入和填充、单元格的操作等。

本章重点

- ◉ 认识Excel
- ◉ 工作表的基本操作
- ◉ 输入表格数据
- ◉ 自动填充数据
- ◉ 单元格的操作
- ◉ 拆分和冻结窗口

7.1 认识 Excel

在应用Excel创建表格之前，首先需要了解Excel的一些基本知识，例如Excel的作用、Excel的工作界面和Excel的专业术语等。

7.1.1 Excel 的主要功能

使用Excel可以执行计算，分析信息并管理电子表格或网页中的数据信息列表，其作用主要包括以下几个方面。

- ◉ 制作数据表格：在Excel中可以制作出数据表格，以行和列的形式进行数据储存。

- ⦿ 绘制图形：在Excel中可以使用绘图工具来创建各种样式的图形，使工作表更加生动、更加美观。
- ⦿ 制作图表：在Excel中使用图表工具，可以根据表格数据来创建图表，直观地表达数据意义。
- ⦿ 自动化处理：在Excel中可以通过宏功能来进行自动化处理。
- ⦿ 使用外部数据库：Excel能通过访问不同类型的外部数据库，来增强软件的数据处理功能。
- ⦿ 分析数据：Excel具备超强的数据分析功能，可以创建预算、分析结果和财务数据。

⑦.1.2　Excel 工作界面

在默认情况下，Excel的工作窗口主要包括【快速访问】工具栏、标题栏、【窗口控制】按钮、【文件】按钮、功能区、名称框、编辑栏、工作表编辑区、列标、行标、滚动条、工作表标签和视图控制区等，如图7-1所示。

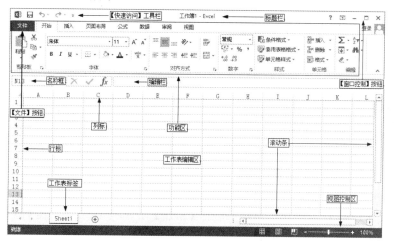

图7-1　Excel工作界面

同Word 2013一样，Excel的功能区也是由选项卡和选项卡中的选项组组成。除此之外，在其工作窗口中还包括了Excel特有的元素，其作用如下。

- ⦿ 名称框：用于定义单元格或单元格区域的名称，或者根据名称找单元格或单元格区。在默认状态下，显示了当前活动单元格的位置。
- ⦿ 编辑栏：主要用于输入和修改工作表数据。在工作表中的某个单元格中输入数据时，编辑栏中会显示相应的属性选项。
- ⦿ 行标：用数字标识每一行，单击行标可以选择整行单元格。
- ⦿ 列标：用字母标识每一列，单击列标可以选择整列单元格。
- ⦿ 滚动条：拖动滚动条可浏览工作簿的整个表格内容。
- ⦿ 工作表标签：用于工作表之间的切换和显示当前工作表的名称。

7.1.3 Excel 专业术语

在Excel中，有一些针对Excel的专用术语，为了方便用户以后的学习和操作，这里先介绍一下Excel的常用术语。

- 工作表：工作表用于存储和处理数据的主要文档，也称为电子表格。它是同单元格组成。一个工作簿可以由多个工作表组成，默认情况下包含3张工作表。
- 单元格：一行与一列的交叉处为一个单元格，单元格是组成工作表的最小单位，用于输入各种各样类型的数据和公式。在Excel中，每张工作表由1,000,000行、16,000列组成。
- 单元格地址：在Excel中，每一个单元格对应一个单元格地址(即单元格名称)，即用列的字母加上行的数字来表示。例如，选择B列第2行的单元格，在编辑栏左方的名称框中将显示该单元格地址为B2。

7.2 工作簿的基本操作

使用Excel进行文件编辑操作，首先要掌握工作簿的一些基本操作，其中包括创建工作簿、保存、关闭及打开工作簿等。

7.2.1 创建工作簿

启动Excel 2013应用程序后，在弹出的界面中单击【空白工作簿】按钮，如图7-2所示，将自动创建一个名为【工作簿1】的新工作簿。在应用Excel进行工作的过程中，用户还可以通过如下两种方法创建新的工作簿。

- 单击【文件】按钮，在弹出的菜单中选择【新建】命令，然后在【新建】窗格中单击【空白工作簿】按钮，如图7-3所示。

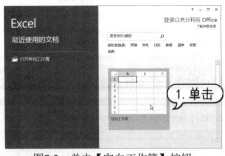 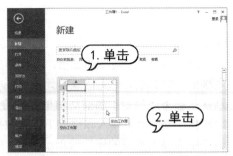

图7-2　单击【空白工作簿】按钮　　　　　图7-3　通过命令新建工作簿

- 单击【快速访问】工具栏后面的下拉按钮，在弹出的菜单中选择【新建】命令，然后在【快速访问】工具栏中添加【新建】按钮，单击该按钮即可创建一个新的空白工作簿。

7.2.2 保存和打开工作簿

在完成Excel工作簿的创建和编辑后，可以对工作簿中的内容进行保存，还可以对工作簿进行加密。保存、打开、加密、关闭Excel工作簿的操作与Word的相应操作相同，这里就不再重复介绍了。

7.3 工作表的基本操作

工作表是Excel窗口中非常重要的组成部分，每个工作表都包含了多个单元格，Excel数据主要就是以工作表为单位来显示的。

7.3.1 设置工作表数量

一个工作簿可以包含多个工作表。在早期的Excel版本中，新建的工作簿默认包含3个工作表，而在Excel 2013中，新建的工作簿默认只包含1个工作表，用户可以通过如下方法设置新建工作簿包含工作表的数量。

【例7-1】设置新建工作簿时包含的工作表数量。

(1) 单击【文件】按钮，在弹出的菜单中选择【选项】命令。

(2) 打开【Excel选项】对话框，在对话框左侧列表中选择【常规】选项，然后在【新建工作簿时】选项区域中设置【包含的工作表数】的值为3，如图7-4所示。

(3) 单击【确定】按钮，在下次新建工作簿时，工作簿将包含3个工作表，如图7-5所示。

图7-4 设置包含的工作表数

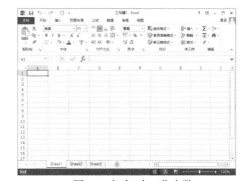

图7-5 包含3个工作表数

7.3.2 新建工作表

在创建工作簿之后，如果工作簿中的工作表不够用，可以通过如下几种方法在工作簿中创建新的工作表。

【例7-2】单击插入按钮插入新的工作表。

(1) 启动Excel应用程序，创建一个空白工作簿。

(2) 单击工作表选项卡右侧的【插入工作表】按钮⊕，如图7-6所示。

(3) 插入新的工作表将在【Sheet1】工作表之后，并自动命名为【Sheet4】，如图7-7所示。

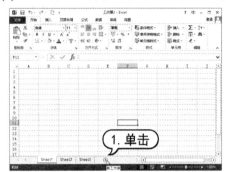

图7-6　单击【新工作表】按钮

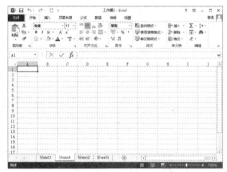

图7-7　插入【Sheet4】工作表

【例7-3】使用功能区插入新的工作表。

(1) 打开【例7-2】制作的工作簿。

(2) 切换到【开始】选项卡，在【单元格】组中单击【插入】下拉按钮，在弹出的下拉列表中选择【插入工作表】选项，如图7-8所示。

(3) 此时即可在【Sheet1】工作表之后插入一个名为【Sheet5】的工作表，如图7-9所示。

图7-8　单击【新工作表】按钮

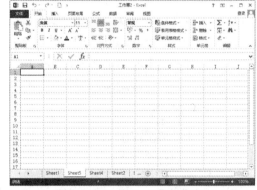

图7-9　插入【Sheet5】工作表

【例7-4】使用快捷菜单插入新的工作表。

(1) 打开【例7-3】制作的工作簿。

(2) 右击Sheet1工作表标签，在弹出的快捷菜单中选择【插入】命令，如图7-10所示。

(3) 打开【插入】对话框，在【常用】选项卡中单击选择【工作表】选项，如图7-11所示。

(4) 单击【确定】按钮，即可在【Sheet1】工作表之前插入一个名为【Sheet6】的工作表，如图7-12所示。

图7-10　选择【插入】命令

图7-11　【插入】对话框

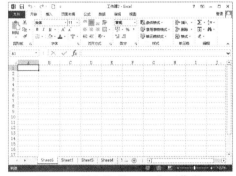

图7-12　插入的【Sheet6】工作表

提示

在工作簿中创建多个工作表后，有些工作表的标签会隐藏，用户可以单击工作表标签左方的 ◀　▶ 按钮，向左或向右显示被隐藏的工作表标签。

7.3.3　重命名工作表

在工作簿中创建多个工作表后，为了快速查找需要的工作表，就需要对工作表进行重命名，重命名工作表的方法如下。

【例7-5】对工作表进行重命名。

(1) 打开【例7-4】制作的工作簿。

(2) 右击Sheet6工作表标签，在弹出的快捷菜单中选择【重命名】命令，如图7-13所示。

(3) 工作表名称将变为可编辑状态，重新输入工作表名称【业务部工资】，如图7-14所示，然后按Enter键完成输入。

图7-13　选择【重命名】命令

图7-14　输入工作表的新名称

⑦.3.4 删除工作表

在工作簿中存在太多的工作表时，会影响对工作表的查找。对于工作簿中多余的工作表，可以使用如下方法将其删除。

【例7-6】删除多余的工作表。

(1) 打开【例7-5】制作的工作簿。

(2) 选中【Sheet1】工作表，在按住Ctrl键的同时，选中【Sheet4】和【Sheet5】工作表，然后单击鼠标右键，在弹出的快捷菜单中选择【删除】命令，如图7-15所示。

(3) 此时可以看到选中的【Sheet1】、【Sheet4】和【Sheet5】工作表都被删除了，如图7-16所示。

计算机基础与实训教材系列

图7-15 选择"删除"选项

图7-16 删除工作表后的效果

⑦.3.5 移动和复制工作表

在Excel中，除了可以重命名工作表外，还可以移动工作表的位置，或对工作表进行复制，具体的操作方法如下。

【例7-7】移动工作表。

(1) 打开【理科成绩表】工作簿。

(2) 选中【理科】工作表标签，按下鼠标左键并向前拖动，拖动到【Sheet1】工作表前面的时候释放鼠标，如图7-17所示。

(3) 此时可以看到【理科】工作表被移动到了【Sheet1】工作表前面，如图7-18所示。

【例7-8】复制工作表。

(1) 打开【例7-7】制作的【理科成绩表】工作簿。

(2) 选中【理科】工作表标签并右击，在弹出的快捷菜单中选择【移动或复制】命令，如图7-19所示。

(3) 打开【移动或复制工作表】对话框，在【下列选定工作表之前】列表框中选择【Sheet1】选项，然后选中【建立副本】复选框，如图7-20所示。

图7-17　移动工作表

图7-18　移动工作表后的效果

图7-19　选择【移动或复制】命令

图7-20　【移动或复制工作表】对话框

(4) 单击【确定】按钮，完成对【理科】工作表的复制，在【Sheet1】工作表之前将生成一个【理科(2)】工作表，如图7-21所示。

图7-21　复制工作表后的效果

提示

在【移动或复制工作表】对话框中取消【建立副本】复选框，可以对指定工作表进行移动；如果按住 Ctrl 键的同时，拖动工作表的标签，可以对其进行复制。

7.3.6　隐藏与显示工作表

在某些时候，如果不希望表格中的重要数据外泄，可以将数据所在的工作表进行隐藏，等待需要时再将其显示出来。

【例7-9】隐藏工作表。

(1) 打开【例7-8】制作的【理科成绩表】工作簿。

(2) 右击【理科】工作表标签，在弹出的快捷菜单中选择【隐藏】命令，如图7-22所示。

(3) 返回到工作簿中，【理科】工作表即可被隐藏，如图7-23所示。

图7-22　选择【隐藏】命令

图7-23　隐藏工作表后的效果

【例7-10】显示工作表。

(1) 打开【例7-9】制作的【理科成绩表】工作簿。

(2) 右击工作簿中的任意一个工作表标签，在弹出的快捷菜单中选择【取消隐藏】命令，如图7-24所示。

(3) 打开【取消隐藏】对话框，在【取消隐藏工表中】列表框中选择要取消隐藏的工作表【理科】选项，然后单击【确定】按钮，如图7-25所示，即可将指定的工作表显示出来。

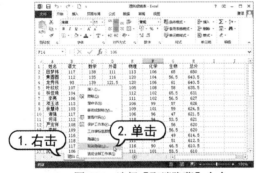

图7-24　选择【取消隐藏】命令

图7-25　选择要取消隐藏的工作表

提示

切换到【开始】选项卡中，在【单元格】组中单击【格式】下拉按钮，在弹出的下拉列表中选择【隐藏和取消隐藏】选项，然后可以在弹出的子选项中分别选择【隐藏列】、【隐藏行】、【隐藏工作表】、【取消隐藏行】、【取消隐藏工作表】等命令，对工作表中的指定内容进行隐藏或取消隐藏。

7.4　输入表格数据

在Excel单元格中可以输入多种数据，其中包括文本、日期、数值等类型。掌握不同数据类型的输入方法是使用Excel必备的技能。

7.4.1　输入文本数据

文本数据是由字母、汉字或其他字符开头的数据。针对不同的数据内容，可以采用不同的输入方式。

1. 输入文字文本

在输入字母或汉字文本数据时，可以在选中指定的单元格后，直接输入需要的数据内容即可，具体的操作如下。

【例7-11】在单元格中输入文本内容，并在多个单元格中输入同一文字。

(1) 打开【工资表】工作簿。

(2) 选中D5单元格，然后输入【店长】文本，如图7-26所示。

(3) 按Enter键完成文本的输入，并自动切换到下一行对应列的单元格，效果如图7-27所示。

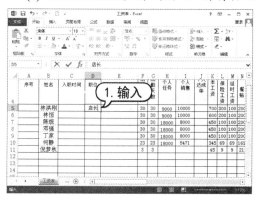

图7-26　输入文本

图7-27　完成输入

(4) 选中D6:D11单元格区域，在编辑栏中输入【导购】文本，如图7-28所示。

(5) 按Ctrl+Enter组合键，此时在编辑栏中所输入的文本内容就会统一填充到所选择的单元格区域中，如图7-29所示。

图7-28　输入文本

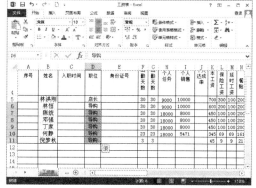

图7-29　填充文本

计算机基础与实训教材系列

2. 输入数字文本

在输入由数字组成的文本数据时，如学号、工作证号、身份证号、门牌号等，应该在数字前添加【'】号，或者先设置好单元格的格式类型，否则，以0开头的数字编号将自动删除前面为0的数字，而较长的数据会表现为科学计数的效果。

【例7-12】在单元格中输入0开头的数字和输入身份证号码。

(1) 打开【例7-11】制作的【工资表】工作簿。

(2) 在A5单元格区域中输入【'001】，如图7-30所示。

(3) 按Enter键完成文本的输入，并自动切换到下一行对应列的单元格，效果如图7-31所示。

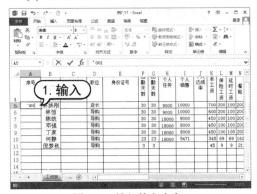
图7-30　输入数字内容

图7-31　文本数字效果

(4) 使用同样的方法，在A6:A11单元格区域依次输入【002】到【007】的文本数字，如图7-32所示。

(5) 使用同样的方法，在E5:E11单元格区域依次输入身份证号，如图7-33所示。

图7-32　输入编号文本数字

图7-33　输入身份证号数字

 提示

在单元格中输入文本数字的时候，可以先设置单元格格式的类型为【文本】，然后直接输入数字内容，也可以得到文本数字效果。

7.4.2　输入日期和时间

在默认情况下，在单元格中输入日期或时间数据时，其格式将自动从【常规】格式转换为相应的【日期】或【时间】格式，而不需要设定该单元格为日期和时间格式。

输入日期时，首先输入年份，然后输入1~12数字作为月份，再输入1~31数字作为日。在输入日期时，需要用"/"符号将年、月、日隔开，格式为"年/月/日"；在输入时间时，小时与分及秒之间用冒号隔开。

【例7-13】在单元格中输入日期。

(1) 打开【例7-12】制作的【工资表】工作簿。

(2) 在C5单元格区域中输入【2011/10/4】，如图7-34所示。

(3) 使用同样的方法，在C6:C11单元格区域输入【2012/10/5】，如图7-35所示。

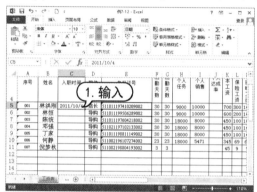

图7-34　输入日期

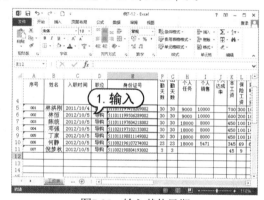

图7-35　输入其他日期

7.4.3　输入数值型数据

在Excel中，数值型数据是使用最普遍的数据类型，由数字、符号等内容组成。数字型数据包括如下几种类型。用户可以先设置单元格类型，然后直接在单元格中输入数字，也可以使用如下方法输入对应类型的数值。

- 正数：选中单元格后，直接输入需要的数字即可。
- 负数：在数字前面添加一个"-"号，或者为数字添加圆括号。例如输入-30或(30)。
- 分数：在输入分数前，首先输入0和一个空格，然后输入分数。例如输入0+空格+1/2，即可得到分数【1/2】。
- 百分比：直接输入数字，然后在数字后输入%即可。例如输入50%。
- 小数：直接输入小数即可。

【例7-14】在单元格中输入百分数。

(1) 打开【例7-13】制作的【工资表】工作簿。

(2) 在【J5】单元格区域中输入【111.00%】，如图7-36所示。

（3）选中【J6:J11】单元格区域，单击【数字格式】下拉按钮，在下拉列表中选择【百分比】选项，如图7-37所示。

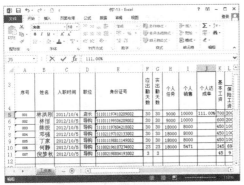

图7-36 输入百分数

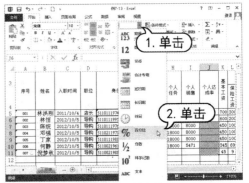

图7-37 设置数字格式

（4）在【J6】单元格区域中输入111，如图7-38所示。

（5）在【J7:J11】单元格区域依次输入百分比值，即可得到百分数结果，如图7-39所示。

 提示

在单元格中输入小数时，可以通过切换到【开始】选项卡，单击【数字】组中的【增加小数位数】按钮 $^{+.0}_{.00}$ 或【减少小数位数】按钮 $^{.00}_{+.0}$，调整小数的位数。

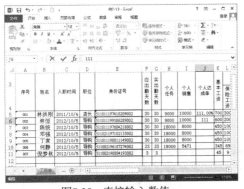

图7-38 直接输入数值

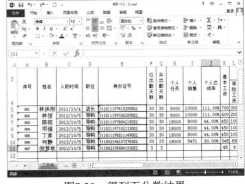

图7-39 得到百分数结果

7.5 自动填充数据

自动填充是指将用户选择的起始单元格中的数据，复制或按序列规律延伸到所在行或列的其他单元格中。在实际应用中，工作表中的某一行或某一列中的数据经常是一些有规律的序列。对于这样的序列，可以通过使用Excel中的自动填充功能填充数据。

⑦.5.1　快速填充数据

选择单元格后，其右下角有一个实心方块，即为填充柄。使用活动单元格右下角的填充柄，可以在同一行或列中填充有规律的数据。用户可以分别向上、下、左、右4个方向拖动填充柄进行数据填充。

【例7-15】在单元格中快速填充编号和职务文本。

(1) 打开【考勤表】工作簿。

(2) 在A5单元格中输入数字1，如图7-40所示。

(3) 将鼠标指针移至A5单元格右下角，鼠标指针呈十字形状 ✚ 时按下鼠标左键并向下拖动至A11单元格，如图7-41所示。

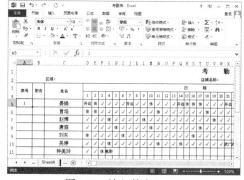
图7-40　输入数字1

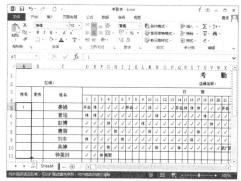
图7-41　向下拖动鼠标

(4) 释放鼠标，此时选中的单元格将会填充数字1，单击A11单元格右下方的【自动填充选项】按钮 ，在弹出的下拉菜单中选中【填充序列】单选按钮，如图7-42所示。

(5) 此时，A5:A11单元格区域内会按照升序填充数据，如图7-43所示。

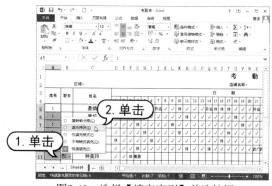
图7-42　选择【填充序列】单选按钮

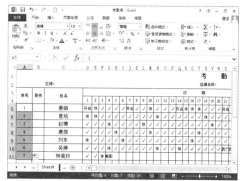
图7-43　按升序填充数据后的效果

 提示

在按住 Ctrl 键的同时，拖动单元格的填充柄，Excel 将以【填充序列】的方式升序填充所选中的单元格区域。

计算机 基础与实训教材系列

(7).5.2 设置填充序列数据

快速填充所适用的规则范围很小，如果需要填充比较复杂的数据，就需要设置序列填充，具体的操作方法如下。

【例7-16】为单元格填充序列。

(1) 新建一个空白工作簿。

(2) 在A1单元格中输入起始数据1，选中需要填充的A1:A15单元格区域，如图7-44所示。

(3) 切换到【开始】选项卡，在【编辑】组中单击【填充】按钮，在弹出的下拉菜单中选择【序列】命令，如图7-45所示。

图7-44 选择要填充的区域

图7-45 选择【序列】命令

(4) 弹出【序列】对话框，选中【列】、【等差序列】单选按钮，设置【步长值】为3，如图7-46所示。

(5) 单击【确定】按钮，Excel将自动以1为首项、公差为3的等差序列填充所选中的区域，如图7-47所示。

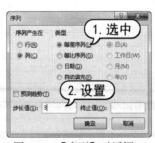

图7-46 【序列】对话框

图7-47 填充等差序列后的效果

在【序列】对话框中各选项的作用如下。

- 序列产生在：用于选择数据序幕列是填充在行中还是填充在列中。
- 类型：用于选择数据序列的产生是根据何种规律。
- 预测趋势：选中该选项，可以使Excel根据所选单元格的内容自动选择适当的序列。

- 步长值: 从目前值或默认值到下一个值之间的差, 可以是正数, 也可以是负数, 正步长值代表递增。
- 终止值: 在该文本框中可以输入序列的终止值。

⑦.5.3 自定义填充数据

在Excel中, 用户可以自定义填充数据内容, 例如, 设置填充数据的一部分为固定内容, 另一部分为由系统自动填充的变化内容, 具体的操作方法如下。

【例7-17】自定义填充单元格数据。

(1) 打开【例7-15】制作的【考勤表】工作簿。

(2) 选中AP5:AP11单元格区域, 切换到【开始】选项卡, 单击【数字】组右下角的【数字格式】按钮, 如图7-48所示。

(3) 打开【设置单元格格式】对话框, 在【数字】选项卡的【分类】列表框中选择【自定义】选项, 在【类型】文本框中输入【民族路#号】文本并确定, 如图7-49所示。

图7-48 单击【数字格式】按钮

图7-49 设置自定义类型

(4) 在AP5单元格中输入数字1, 然后按Enter键, 在该单元格中会自动填充为【民族路1号】, 如图7-50所示。

(5) 按住Ctrl键的同时, 拖动AP5单元格的填充柄, 填充AP6:AP11单元格区域, 可以看到添加的文本中【#】被自动替换, 而其他文本没有变化, 如图7-51所示。

图7-50 填充自定义类型后的效果

图7-51 使用序列方式填充单元格

7.6 单元格的操作

单元格是Excel存储数据的最小单元，Excel的操作主要是针对单元格进行的，因此熟练掌握单元格的操作是使用Excel的基础。

7.6.1 插入和删除单元格

在处理工作表数据时，常常需要插入一些单元格或删除多余的单元格。下面介绍插入和删除单元格的方法。

【例7-18】插入和删除单元格。

(1) 打开【财务支出表】工作簿。

(2) 选中A1单元格，切换到【开始】选项，在【单元格】组中单击【插入】下拉按钮，在弹出的下拉列表中选择【插入单元格】选项，如图7-52所示。

(3) 弹出【插入】对话框，选中【活动单元格下移】单选按钮，如图7-53所示。

图7-52 选择【插入单元格】选项

图7-53 【插入】对话框

(4) 单击【确定】按钮，即可在原来的第1行单元格之前插入一行单元格，原来的第1行位置的单元格将全部下移一行，如图7-54所示。

(5) 如果要删除单元格，只需选中要删除的单元格，在【单元格】组中单击【删除】下拉按钮，在弹出的下拉列表中选择【删除单元格】选项，如图7-55所示。

图7-54 插入一行单元格后的效果

图7-55 删除单元格

提示

单击【删除】下拉按钮，在弹出的下拉列表中选择【删除单元格】选项，将打开【删除】对话框，在该对话框中可以设置以何种方式删除选中的单元格。

7.6.2 复制和粘贴单元格

对于工作表中的常用单元格数据，可以使用复制与粘贴的操作方法来简化重复操作过程。下面介绍复制和粘贴单元格的方法，操作步骤如下。

【例7-19】复制和粘贴单元格。

(1) 打开【财务支出表】工作簿。

(2) 选中【A2:A14】单元格区域，切换到【开始】选项卡，在【剪贴板】组中单击【复制】按钮 ，如图7-56所示。

(3) 选中【E2】单元格，在【剪贴板】组中单击【粘贴】下拉按钮 ，在弹出的下拉列表中选择【选择性粘贴】选项，如图7-57所示。

图7-56 复制单元格

图7-57 选择性粘贴选项

(4) 打开【选择性粘贴】对话框，在【粘贴】选项区域中选中【数值】单选按钮，然后单击【确定】按钮，如图7-58所示。即可在工作表的目标单元格中粘贴复制的内容，且不包含原数据的格式，如图7-59所示。

图7-58 【选择性粘贴】对话框

图7-59 粘贴单元格后的效果

提示

如果需要快速粘贴复制的内容，可以选择目标单元格后按 Ctrl+V 组合键，或者单击【剪贴板】组中的【粘贴】按钮，这种粘贴方式将粘贴复制全部内容，包含格式、公式等。

⑦6.3 合并和拆分单元格

合并单元格也是常用的Excel技巧。根据具体的表格效果，有时需要对相邻的多个单元格进行合并，如用于存放标题栏的单元格等。合并单元格的操作方法如下。

【例7-20】合并选中的单元格。

(1) 打开【财务支出表】工作簿。

(2) 选中A1:B1单元格区域，切换到【开始】选项卡，在【对齐方式】组中单击【合并后居中】按钮，如图7-60所示。即可合并选中的单元格，效果如图7-61所示。

(3) 选中合并后的单元格后，再次单击【合并后居中】按钮，即可拆分合并后的单元格。

图7-60　单击【合并后居中】按钮

图7-61　合并单元格后的效果

⑦6.4 清除单元格的数据

删除单元格后，其他单元格会移动位置来补充删除单元格的位置，如果只是想清除单元格中的内容，而不想删除该单元格的位置，可以使用如下3种常用方法。

◎ 选中要清除单元格内容的单元格区域并右击，在弹出的快捷菜单中选择【清除内容】命令，如图7-62所示。

◎ 选中要清除单元格内容的单元格区域，切换到【开始】选项卡，单击【编辑】组中的【清除】下拉按钮，在弹出的下拉列表中选择要清除的对象，如图7-63所示。

◎ 选中要清除单元格内容的单元格区域，按Delete键将其内容清除。

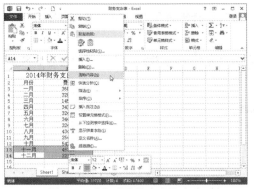

图7-62 选择【清除内容】命令

图7-63 选择要清除的内容

7.7 拆分和冻结窗口

当工作表中的数据过多时，通过拆分工作表可以很方便地对前后数据进行核对。另外，通过冻结工作表，可以在滚动工作表时，保持行列标志或其他数据处于可见状态，从而更方便地查看工作表中的内容。

7.7.1 拆分工作表窗口

拆分工作表是指将工作表按照水平或垂直方向拆分成独立的窗格，每个窗格中可以独立地显示并滚动到工作表的任意位置。

【例7-21】在指定位置拆分工作表窗口。

(1) 打开【中期考试成绩】工作簿。

(2) 选中B4单元格，在此作为拆分工作表的位置。

(3) 选择【视图】选项卡，单击【窗口】组中的【拆分】按钮 ，如图7-64所示。即可在指定位置对工作表进行拆分，效果如图7-65所示。

图7-64 单击【拆分】按钮

图7-65 拆分工作表后的效果

(4) 拖动窗口右下方的垂直滚动条，拆分条上方的内容将保持不变，而下方的内容会随着拖动滚动条而变化，效果如图7-66所示。

(5) 拖动窗口右上方的垂直滚动条，拆分条下方的内容将保持不变，而上方的内容会随着拖动滚动条而变化，效果如图7-67所示。

图7-66　拖动下方垂直滚动条　　　　　　　图7-67　拖动上方垂直滚动条

 提示

> 如果要恢复原来窗口的显示，将鼠标指针指向水平或垂直方向上的拆分条，然后双击鼠标左键即可。还可以通过再次单击【窗口】选项组中的【拆分】按钮取消拆分条。

7.7.2 冻结工作表窗口

在Excel中，冻结工作表操作包括冻结拆分窗格、冻结首行和冻结首列几种情况。选择要冻结的工作表，单击【窗口】选项组中的【冻结窗格】下拉按钮，在弹出的列表中即可选择冻结窗格的方式。

【例7-22】冻结工作表的拆分窗格。

(1) 打开【中期考试成绩】工作簿，选中B4单元格，在此对工作表进行拆分。

(2) 单击【视图】选项卡，单击【窗口】组中的【冻结窗格】下拉按钮，在弹出下拉列表中选择【冻结拆分窗格】选项，如图7-68所示。

(3) 拖动窗口右方的垂直滚动条，拆分条上方的内容将被冻结，而下方的内容会随着拖动滚动条而变化，效果如图7-69所示。

图7-68　选择冻结的对象　　　　　　　图7-69　拖动垂直滚动条

【冻结窗格】下拉列表中各种冻结选项的作用如下。

◉ 冻结拆分窗格：将冻结活动单元格左侧和顶部的窗格，在滚动工作表的其余部分时，可以保持行和列处于可见状态。

◉ 冻结首行：将冻结工作表的首行内容，在滚动工作表的其余部分时，可以保持首行处于可见状态。

◉ 冻结首列：将冻结工作表的首列内容，在滚动工作表的其余部分时，可以保持首列处于可见状态。

 提示

对工作表进行冻结后，在【窗口】组中的【冻结窗格】下拉列表中将增加一个【取消冻结窗格】选项，用户可以通过选择该选项取消对当前工作表的冻结。

7.8 上机练习

本节上机练习将制作【问卷调查表】和【职工通讯录】工作簿，帮助读者进一步加深对Excel基础知识的掌握。

7.8.1 制作问卷调查表

本练习将制作问卷调查表，在制作时首先输入单元格数据，并适当调整行高和列宽，然后将一些需要合并的单元格进行合并。

(1) 新建一个Excel工作簿，对其进行保存，命名为【问卷调查表】。

(2) 在A1单元格中输入调查问卷调查表制作单位的名称，设置字体为【宋体】、字号为12，如图7-70所示。

(3) 在A2单元格中输入问卷调查表的详细名称，设置字体为【黑体】、字号为18，如图7-71所示。

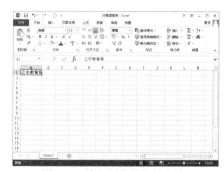

图7-70　输入制作单位的名称

图7-71　输入详细名称

(4) 将鼠标光标移动至第2行的行号下方，当光标呈现为 ✛ 形状时，按住鼠标并向下拖动，适当调整第2行单元格的高度。

(5) 继续在其他单元格中输入相应的文本，设置字体为【宋体】、字号为12，如图7-72

所示。

(6) 选中A1:R1单元格区域，切换到【开始】选项卡，在【对齐方式】组中单击【合并后居中】按钮，如图7-73所示。

图7-72 输入其他文本内容

图7-73 合并第一行的单元格

(7) 使用同样的方法，分别对A2:R2、N3:R3、A4:A5、B4:B5、C4:C5、N4:Q4、R4:R5单元格区域进行合并，如图7-74所示。

(8) 选中A4:R5单元格区域并右击，在弹出的快捷菜单中选择【设置单元格格式】命令，如图7-75所示。

图7-74 合并其他单元格

图7-75 选择【设置单元格格式】命令

(9) 打开【设置单元格格式】对话框，切换到【对齐】选项卡，在【水平对齐】列表框和【垂直对齐】列表框中都选择【居中】选项，在【文本控制】选项栏选中【自动换行】复选框，如图7-76所示。

(10) 单击【确定】按钮，得到如图7-77所示的效果，按Ctrl+S组合键保存工作簿。

图7-76 设置对齐方式

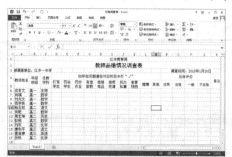

图7-77 修改对齐方式后的效果

7 8.2 制作职工通讯录

本练习将制作职工通讯录，首先对工作表进行重命名，然后在工作表中录入数据并进行序列填充，再对工作表进行复制和修改。

(1) 新建一个空白工作簿，然后对其进行保存，并命名为【职工通讯录】。

(2) 双击Sheet1工作表标签，重新输入工作表名称【财务部】，如图7-78所示。

(3) 在A1单元格中输入标题文本【职工通讯录】，设置字体为【华文行楷】、字号为20，如图7-79所示。

图7-78　重命名工作表

图7-79　输入标题文本

(4) 选中A1:E1单元格区域，在【对齐方式】组中单击【合并后居中】按钮，如图7-80所示。

(5) 在第2行前面的单元格中依次输入类别名称，如图7-81所示。

图7-80　合并居中单元格

图7-81　输入第2行文本

(6) 选中A3:E9单元格区域并右击，在弹出快捷菜单选择【设置单元格格式】命令，如图7-82所示。

(7) 弹出【设置单元格格式】对话框，在【分类】列表框中选择【文本】选项，单击【确定】按钮，如图7-83所示。

图7-82 选择【设置单元格格式】命令

图7-83 选择数字类型

(8) 在A3单元格中输入编号01，如图7-84所示。

(9) 拖动A3单元格右下方的填充柄，拖动到A9单元格时释放鼠标，即可看到填充后的员工编号，如图7-85所示。

图7-84 输入编号

图7-85 填充编号

(10) 在其他单元格中输入员工姓名、性别、电话以及电子邮箱地址，如图7-86所示。

(11) 将鼠标指针移到D列右侧的边框线上，当鼠标指针变成✚箭头时，按住鼠标左键向右拖动，调整D列的宽度，如图7-87所示。

图7-86 输入文本

图7-87 调整列宽

(12) 使用同样的方法，调整E列单元格的宽度，使电子邮箱地址可以完整的显示。

(13) 在【财务部】工作表标签上右击，在弹出的快捷菜单中选择【移动或复制】命令，如图7-88所示。

(14) 打开【移动或复制工作表】对话框，在【下列选定工作表之前】列表中选择【(移至最后)】选项，并选中【建立副本】复选框，然后进行确定，如图7-89所示。

图7-88　选择【移动或复制】命令

图7-89　复制工作表

(15) 双击复制的工作表标签名称，将其重命名为【人事部】，如图7-90所示。

(16) 选中A3:E9单元格区域，按Delete键将其中的数据清除，如图7-91所示。

图7-90　重命名工作表

图7-91　清除数据

(17) 在A3单元格中输入编号08，然后向下拖动A3单元格的填充柄，到A11单元格释放鼠标，得到如图7-92所示的填充序列。

(18) 依次在其他单元格中输入相应的数据，然后按Ctrl+S组合键保存工作簿，效果如图7-93所示。

图7-92　输入并填充编号

图7-93　实例效果

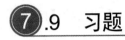.9 习题

1. 在Excel 2013中新建工作簿时，一个工作簿中默认含有多少个工作表？

2. 在Excel中新建工作簿时，如何改变一个工作簿所包含的工作表数量？

3. 如何在Excel中选中单元格区域？

4. 如何隐藏工作簿中的工作表？

5. 当一个单元格中的数据太多，部分数据被隐藏后，可以通过哪些方法将隐藏的内容显示出来？

6. 拆分和冻结窗口的作用是什么？如何进行窗口的拆分和冻结操作？

7. 新建一个空白工作簿，参照如图7-94所示的效果，创建该课程表。

8. 新建一个空白工作簿，参照如图7-95所示的效果，创建该图书借记表。

图7-94　创建课程表　　　　　图7-95　创建图书借记表

第 8 章

表格格式化设置

学习目标

为了美化工作表的效果，需要对表格进行格式设置，包括文本格式、单元格格式的设置。使用格式设置可以在对数据进行存储和处理的同时，实现对数据的排版设计，使表格看起来更加专业、美观。本章将介绍设置Excel表格格式的相关知识和操作。

本章重点

- ◉ 设置单元格数据格式
- ◉ 设置单元格边框和底纹
- ◉ 应用表格样式
- ◉ 应用条件格式

8.1 设置单元格数据格式

在Excel中可以对单元格内的文字进行格式设置，包括设置文字的字体和对齐方式，从而实现对数据的排版设计，使表格效果更美观。

8.1.1 设置数据字体格式

Excel设置数据字体格式的方法与Word基本相同。选中要设置字体的单元格区域，切换到【开始】选项卡，在【字体】组中可以设置文本的字体、字号和颜色等，如图8-1所示。也可以选中要设置字体的单元格区域，在【字体】组中单击【字体设置】按钮 ⌐，打开【设置单元格格式】对话框，在【字体】选项卡中设置文字的字体，如图8-2所示。

图8-1　在【字体】组中设置字体格式

图8-2　【设置单元格格式】对话框

8.1.2　设置数据对齐方式

Excel默认的对齐方式是文本左对齐、数字右对齐，用户也可以按照自己的需要对文本进行居中等设置，具体的操作方法如下。

【例8-1】设置单元格中文本的对齐方式。

(1) 打开【销售表】工作簿。

(2) 选中A2:E6单元格区域，切换到【开始】选项卡，在【对齐方式】组中单击【居中】按钮，如图8-3所示。

(3) 此时可以看到为选中单元格区域设置居中对齐方式后的效果，如图8-4所示。

图8-3　设置居中对齐

图8-4　设置居中对齐后的效果

(4) 如果要设置更多的对齐方式，可以在【设置单元格格式】对话框中进行设置。选中A2:E6单元格区域，单击【对齐方式】组右下角【对齐设置】按钮，如图8-5所示。

(5) 打开【设置单元格格式】对话框，在【对齐】选项卡中可以设置文本的水平和垂直对齐效果，如图8-6所示。

 提示

　　在【设置单元格格式】对话框中单击【对齐】选项卡，在【从右到左】选项区域中可以设置文字的方向是从左到右排列，还是从右到左排列；在【方向】选项区域中可以设置文字的倾斜角度。

图8-5 单击【对齐设置】按钮

图8-6 【设置单元格格式】对话框

8.2 美化工作表

Excel默认的单元格样式比较简单，如果想要制作比较美观的单元格，就要为单元格设置不同的格式，例如设置边框、设置底纹等。

8.2.1 设置单元格边框

在默认情况下，Excel中的单元格线条并不是表格的边框线，而是网格线，在打印文件时并不会显示出来。用户可以自行添加表格边框，使打印出来的表格具有实际的边框线。设置单元格边框的具体方法如下。

【例8-2】为单元格设置边框。

(1) 打开【例8-1】制作的【销售表】工作簿。

(2) 选中A1:E64单元格区域，切换到【开始】选项卡，在【字体】组中单击【边框】下拉按钮，在弹出的下拉列表中选择【其他边框】选项，如图8-7所示。

(3) 打开【设置单元格格式】对话框，单击【边框】选项卡，在【颜色】列表框中选择【红色】选项，在【样式】列表框中选择较粗的线条，然后单击【外边框】按钮，如图8-8所示。

计算机基础与实训教材系列

图8-7 选择【其他边框】选项　　　　　　　图8-8 设置外部边框样式

(4) 在【样式】列表框中选择较细的线条，单击【内部】按钮，然后单击【确定】按钮，如图8-9所示。即可为选中的单元格区域设置边框，效果如图8-10所示。

图8-9　设置内部边框样式

图8-10　设置边框后的效果

8.2.2　设置单元格底纹

为单元格填充底纹颜色或图案，可以美化工作表的外观，也可以突出其中的特殊数据，设置单元格底纹的具体操作方法如下。

【例8-3】为单元格设置底纹颜色。

(1) 打开【例8-2】制作的【销售表】工作簿。

(2) 选中A1单元格，切换到【开始】选项卡，在【字体】组中单击【填充颜色】下拉按钮，在弹出的下拉列表中选择【黄色】选项作为填充颜色，即可将选中的单元格填充上黄色，如图8-11所示。

(3) 选中A2:E6单元格区域并右击，在弹出的快捷菜单中选择【设置单元格格式】命令，如图8-12所示。

图8-11　选择填充颜色

图8-12　设置底纹后的效果

(4) 打开【设置单元格格式】对话框，切换到【填充】选项卡，在【背景色】选项区域下方选择浅蓝色作为要设置的填充颜色，如图8-13所示。

(5) 单击【确定】按钮，即可将选中的单元格区域填充为浅蓝色，如图8-14所示。

图8-13 单击对话框启动器按钮

图8-14 选择填充颜色

8.3 应用样式设置表格效果

同Word一样，Excel提供了多种简单、新颖的单元格样式，用户也可以通过应用样式功能，对单元格的数字格式、对齐方式、颜色、边框等内容进行快速设置。

8.3.1 应用单元格样式

样式是格式设置选项的集合，使用单元格样式可以达到一次应用多种格式，且保证单元格的格式一致的效果。应用单元格样式的具体操作如下。

【例8-4】对单元格应用样式。

(1) 打开【例8-3】制作的【销售表】工作簿。

(2) 选中A2:E2单元格区域，切换到【开始】选项卡，单击【样式】选项组中的【单元格样式】下拉按钮，在弹出的列表中选择【好】选项作为需要的样式，如图8-15所示。

(3) 返回到工作表中，对选中的单元格区域应用指定样式后的效果如图8-16所示。

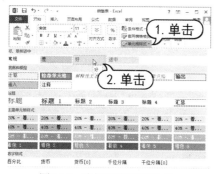

图8-15 选择要应用的样式

图8-16 应用样式后的效果

在默认情况下，【单元格样式】下拉列表中包括了5种类型的单元格样式，各种类型的功能如下。

● 好、差和适中：在该样式组中用于设置普通的样式。

● 数据和模型：在该样式组中用于设置数据和模型样式。

● 标题：在该样式组中用于设置标题样式。

● 主题单元格样式：在该样式组中用于设置主题类型样式。

● 数字格式：在该样式组中用于设置数字格式。

8.3.2 应用表格样式

Excel自带了一些比较常见的工作表样式，自动套用这些样式，可以使制表更加快捷、高效。自动套用表格样式的具体操作步骤如下。

【例8-5】对工作表应用表格样式。

(1) 打开【例8-4】制作的【销售表】工作簿。

(2) 选择A2: E6单元格区域作为要套用表格样式的区域，单击【样式】选项组中的【套用表格样式】下拉按钮，在弹出的下拉列表中选择需要套用的样式，如图8-17所示。

(3) 在打开的【套用表格式】对话框中设置表数据的来源，如图8-18所示。

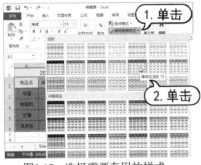

图8-17 选择需要套用的样式

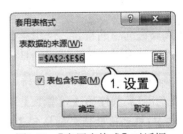

图8-18 【套用表格式】对话框

(4) 在【套用表格式】对话框中单击【确定】按钮，即可套用选择的表格样式，效果如图8-19所示。

(5) 在套用表格样式后，表格的首行标题处将出现下三角形箭头，单击该箭头，可以对其中的数据进行排序和筛选操作，如图8-20所示。

图8-19 套用表格样式效果

图8-20 排序和筛选数据

第 8 章 表格格式化设置

 提示

如果在【套用表格式】对话框中选择【表包含标题】选项，表格的标题将套用样式栏中的标题样式。

⑧.4 应用条件格式

应用条件格式，不仅可以将工作表中的数据筛选出来，还可以向单元格中添加颜色突出显示其中的数据。

⑧.4.1 使用条件格式

使用条件格式的操作很简单。操作方法为：选择要使用条件格式的单元格区域，然后单击【样式】组中的【条件格式】下拉按钮，在弹出的下拉列表中选择自己需要的条件命令并进行相应设置即可。

【例8-6】对工作表应用条件格式。

(1) 打开【例8-5】制作的【销售表】工作簿。

(2) 选中A1：E6单元格区域，单击【样式】组中的【条件格式】下拉按钮，在弹出的下拉菜单中选择【突出显示单元格规格】|【大于】命令，如图8-21所示。

(3) 打开【大于】对话框，设置大于的值为295，然后设置突出颜色，如图8-22所示。

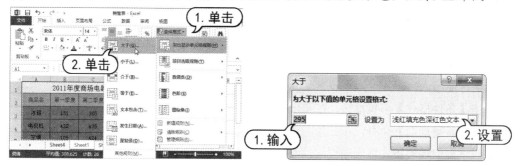

图8-21 选择条件格式命令　　　　图8-22 设置突出显示的条件

(4) 单击【确定】按钮，即可突出显示满足条件的单元格区域，效果如图8-23所示。

(5) 选中A1：E6单元格区域，单击【样式】组中的【条件格式】下拉按钮，在弹出的下拉菜单中选择【项目选取规则】|【前10项】命令，如图8-24所示。

(6) 打开【前10项】对话框，在数字文本框中输入数值为5，然后设置最大5项单元格的填充颜色，如图8-25所示。

计算机 基础与实训教材系列

-163-

图8-23　突出显示条件格式内容

图8-24　选择条件格式命令

(7) 单击【确定】按钮，更改最大5项单元格的填充颜色，效果如图8-26所示。

图8-25　设置项目选取规则

图8-26　更改最大5项单元格颜色

计算机 基础与实训教材系列

⑧.4.2　新建条件格式规则

除了可以使用Excel自带的条件格式规则外，用户也可以根据自己需要，新建条件格式的规则，以便以后进行使用。

单击【条件格式】下拉按钮，在弹出的下拉菜单中选择【新建规则】命令，在打开的【新建格式规则】对话框中设置条件格式的规则，然后确定即可，如图8-27所示。

图8-27　设置条件格式的规则

⑧.4.3　清除单元格的条件格式

对单元格区域使用条件格式后，是不能使用普通的格式设置对其进行清除的。要清除单元格的条件格式，应该使用如下操作方法。

选择要清除条件格式的单元格或单元格区域，然后在【条件格式】下拉菜单中选择【清除规则】命令，再根据需要在【清除规则】命令的子菜单中选择要清除的对象，如图8-28所示。

图8-28　选择清除的条件格式

8.5　上机练习

本节上机练习将制作【学生成绩表】和【突出较好的成绩】工作簿，帮助读者进一步掌握Excel表格格式化的操作和应用。

8.5.1　制作学生成绩表

本练习将制作学生成绩表，在制作时首先设置标题的字体效果，然后设置数字格式，再设置单元格的对齐和底纹效果。

(1) 启动Excel应用程序，打开【学生成绩表】工作簿，如图8-29所示。

(2) 选中A1标题单元格，在【开始】选项卡的【字体】组中设置文字的字体为【黑体】、字号为20，然后单击【加粗】按钮 **B**，效果如图8-30所示。

图8-29　打开素材文件

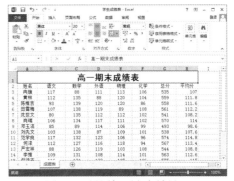

图8-30　设置标题文字效果

(3) 选中表格中所有的数字单元格区域，然后单击【数字】组中的【数字格式】按钮，如图8-31所示。

(4) 打开【设置单元格格式】对话框，在左侧【分类】列表框中选择【数值】选项，然后设置小数位数为0，如图8-32所示。

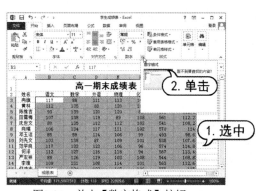

图8-31　单击【数字格式】按钮

图8-32　设置小数位数

(5) 单击【设置单元格格式】对话框中的【确定】按钮，即可将选中的数字设置为整数，效果如图8-33所示。

(6) 选择标题以外的数据单元格区域，单击【对齐方式】选项组中的【居中】按钮，将选中的文本进行居中显示，如图8-34所示。

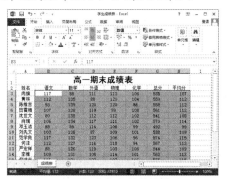

图8-33　设置数字成整数的效果

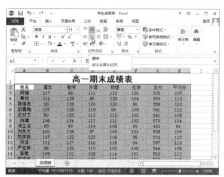

图8-34　居中对齐表格文本

(7) 选择标题以外的数据单元格区域，单击【字体】选项组中的【边框】下拉按钮，在弹出的下拉列表中选择【所有边框】选项，如图8-35所示，添加边框后的表格效果如图8-36所示。

图8-35　选择【所有边框】选项

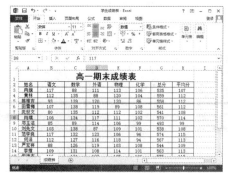

图8-36　添加表格边框效果

(8) 选择A1标题单元格，单击【字体】组中的【填充颜色】下拉按钮，在弹出的下拉列表中选择【浅蓝】选项，如图8-37所示。

(9) 对标题单元格填充颜色后的效果如图8-38所示，按Ctrl+S组合键对工作簿进行保存，完成本例的制作。

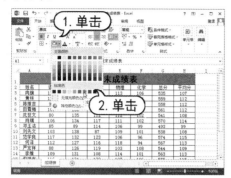

图8-37　选择【浅蓝】选项

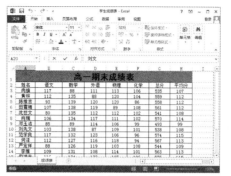

图8-38　实例效果

⑧.5.2　突出较好的成绩

本练习将在前面制作的学生成绩表中突出显示较好的学生成绩。可以使用条件格式首先突出显示总数在550的成绩，再对各科前3名的成绩进行突出显示。

(1) 打开前面制作的【学生成绩表】工作簿，然后将其另存为【突出较好的成绩】。

(2) 选中所有的数据单元格区域，然后单击【样式】选项组中的【条件格式】下拉按钮，选择【突出显示单元格规则】|【大于】选项，如图8-39所示。

(3) 在打开的【大于】对话框中设置数字为550，然后设置大于该值的单元格底纹为深红色，如图8-40所示。

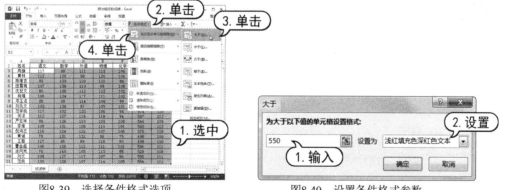

图8-39　选择条件格式选项　　　　　图8-40　设置条件格式参数

(4) 单击【确定】按钮返回工作表中，即可将分数在550以上的单元格以深红色底纹显示，效果如图8-41所示。

(5) 选中【语文】成绩所在的【B】列单元格区域，然后单击【样式】选项组中的【条件格式】下拉按钮，选择【项目选取规则】|【值最大的10项】选项，如图8-42所示。

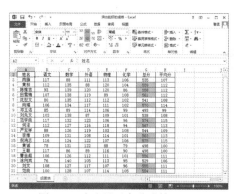

图8-41　突出显示高分成绩

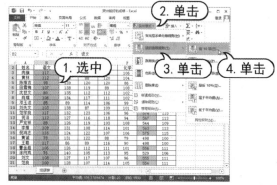

图8-42　选择条件格式选项

(6) 在打开的【10个最大的项】对话框中设置数字为3，然后设置满足条件的单元格底纹为深绿色，如图8-43所示。

(7) 单击【确定】按钮返回工作表中，即可将【语文】成绩排在前3名的单元格以深绿色底纹效果显示。

(8) 使用同样的方法继续设置其他科前3名的条件格式，效果如图8-44所示，按Ctrl+S组合键对工作簿进行保存，完成实例的制作。

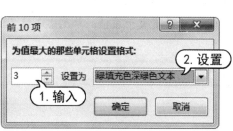

图8-43　设置条件格式参数

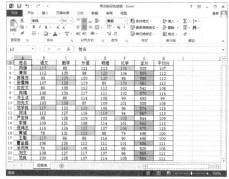

图8-44　实例效果

⑧.6　习题

1. 在Excel中如何设置表格中的字体、字号？

2. 在Excel中可以通过哪几种方式对单元格填充底纹？

3. 在Excel中如何设置文字的倾斜角度？

4. 在表格中默认的灰色线框是表格边框吗，如果不是，应该如何添加表格边框？

5. 条件格式的作用是什么？如何应用条件格式？

6. 如何设置单元格样式和表格样式？

7. 新建一个空白工作簿，参照如图8-45所示的效果，创建学生花名册。

8. 新建一个空白工作簿，参照如图8-46所示的效果，创建电器销售表，并对每季度销量大于200的单元格进行突出显示。

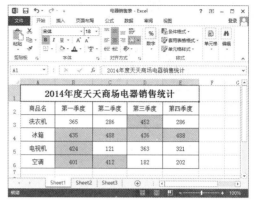

图8-45 创建学生花名册　　　　　图8-46 创建电器销售表

第9章

应用公式和函数

学习目标

在Excel中，数据的计算是相当重要的一项功能，对于简单的数字计算，用户可以通过公式计算结果，对于复杂的计算，Excel给出了相应的函数，用户只要输入函数中的参数，便可直接求出结果。

本章重点

- ⊙ 使用公式
- ⊙ 单元格引用
- ⊙ 使用函数

9.1 使用公式

公式是制作Excel电子表格时常用的内容，本节将对公式的内容进行具体介绍，其中包括公式含义、公式的运算符号、输入公式的方法、数组公式和编辑公式的操作等。

9.1.1 公式的概述

公式是指使用运算符和函数，对工作表数据以及普通常量进行运算的方程式。在工作表中，可以使用公式和函数对表格中原始数据进行计算处理。通过公式以及在公式中调用函数，除了可以进行简单的数据计算(如加、减、乘、除)外，还可以完成较为复杂的财务、统计及科学计算等。

一个完整的公式由以下几部分组成。

- 等号【=】：相当于公式的标记，标记之后的字符为公式。
- 运算符：表示运算关系的符号，如加号【+】、引用符号【:】。
- 函数：一些预定义的计算关系，可将参数按特定的顺序或结构进行计算，如求和函数 SUM。
- 常量：参与计算的常数，如数字8。
- 单元格引用：在使用公式进行数据计算时，除了可以直接使用常量数据之外，还可以引用单元格。例如，公式【=A2+B3-680】中，引用了单元格A2和B3，同时还使用了常量 680。

9.1.2 运算符的优先级

在Excel中，运算符是指在公式中用于进行计算的加、减、乘、除，以及其他运算符等符号。在公式中如果存在混合运算，就需要掌握公式的运算顺序，即运算的优先级。对同一优先级的运算，按照从左到右的顺序进行计算；对于不同优先级的运算，按照优先级从高到低的顺序进行计算。

公式中各种运算符的优先级如下表所示，在表中的优先级顺序为从左到右、从上到下。

:(冒号，区域运算符)	,(逗号，联合运算符)	(空格，交叉运算符)
- (负号)	%(百分比号)	^(乘方)
*(乘号)/(除号)	+(加号)-(减号)	&(文本连接符)
=(等于号)>(大于号)<(小于号)>=(大于等于号)<=(小于等于号)<>(不等于号)		

 提示

若想更改公式中运算符的顺序，可以使用括号将先计算的部分括起来。例如，公式【2*5+15】的计算顺序为：【2*5=10】，再加上 15，结果为 25，但公式【2*(5+15)】的计算顺序为：【5+15=20】，2 再乘以 20，结果为 40。

9.1.3 输入公式

使用公式功能，Excel可以实现自动计算功能，操作数可以是常量、单元格地址、名称和函数。公式是以等号开始的，在工作表的空白单元格中输入等号时，Excel就默认为用户在进行公式的输入。

【例9-1】在表格中输入求积公式。

(1) 打开【电视机销售表】工作簿。

(2) 选中D3单元格，输入求积公式【=B3*C3】，如图9-1所示。

(3) 按Enter键完成公式的输入，并得到计算的结果，在编辑栏中将显示公式的内容，如图9-2所示。

图9-1 输入求积公式

图9-2 计算乘积的结果

9.1.4 复制公式

若要在其他单元格中输入与某一单元格中相同的公式，可使用Excel的复制公式功能，这样可省去重复输入相同内容的操作。

【例9-2】在表格中复制求积公式。

(1) 打开【例9-1】制作的【电视机销售表】工作簿。

(2) 选中D3单元格，切换到【开始】选项卡，在【剪贴板】组中单击【复制】按钮，如图9-3所示。

(3) 选中D4单元格，在【剪贴板】组中单击【粘贴】下拉按钮，在弹出的下拉列表中选择【选择性粘贴】选项，如图9-4所示。

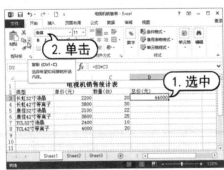

图9-3 单击【复制】按钮

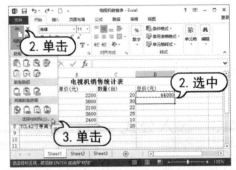

图9-4 选择【选择性粘贴】选项

(4) 打开【选择性粘贴】对话框，选中【粘贴】选项区域中的【公式】单选按钮，然后单击【确定】按钮，如图9-5所示。

(5) 此时在D4单元格中将显示计算结果，通过编辑栏中的内容，可以看到D3单元格中的公式被复制到了D4单元格中，如图9-6所示。

图9-5　【选择性粘贴】对话框

图9-6　粘贴公式后的效果

 提示

　　选择要复制或移动公式的单元格，按 Ctrl+C 或 Ctrl+X 组合键进行公式的复制或剪切，然后选择要粘贴的单元格，按 Ctrl+V 组合键进行公式粘贴，可以快速地进行公式的复制和移动操作。

9.1.5　填充公式

　　使用填充公式的功能可以省去每次都要输入公式的麻烦，对于类型相同的计算，Excel可以自动进行填充计算。

　　【例9-3】使用填充方式快速创建相同的公式。

　　(1) 打开【例9-2】制作的【电视机销售表】工作簿。

　　(2) 选中D4单元格，将鼠标移动到单元格右下角的填充柄位置，然后按住鼠标左键向下拖动填充柄到D8单元格中，如图9-7所示。

　　(3) 拖动到D8单元格时释放鼠标，即可对选中的单元格进行公式填充，并求出公式的结果，效果如图9-8所示。

图9-7　拖动填充柄填充公式

图9-8　填充公式后的效果

⑨.1.6 隐藏公式

Excel的功能非常强大，不仅可以让用户自由输入、定义公式，还有很好的保密性。如果不想让自己创建的公式被别人轻易更改或者破坏，可以将公式隐藏起来。

【例9-4】隐藏表格中的公式内容。

(1) 打开【例9-3】制作的【电视机销售表】工作簿。

(2) 选中需要隐藏公式的D3:D8单元格区域并右击，在弹出的快捷菜单中选择【设置单元格格式】命令，如图9-9所示。

(3) 弹出【设置单元格格式】对话框，单击【保护】选项卡，选中【隐藏】复选框，然后单击【确定】按钮，如图9-10所示。

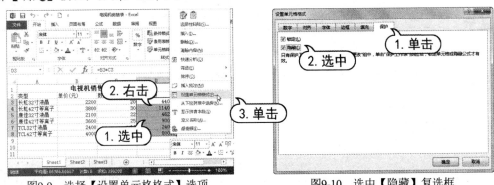

图9-9　选择【设置单元格格式】选项　　　　图9-10　选中【隐藏】复选框

(4) 返回到工作表中，单击【审阅】选项卡，在【更改】组中单击【保护工作表】按钮，如图9-11所示。

(5) 打开【保护工作表】对话框，输入密码内容(如【123】)，然后单击【确定】按钮，如图9-12所示。

图9-11　单击【保护工作表】按钮　　　　图9-12　输入密码

(6) 打开【确认密码】对话框，再次输入相同密码并确定，如图9-13所示。

(7) 返回到工作表，单击隐藏公式后的任意单元格，可以看到编辑栏中不再显示公式内容，如图9-14所示。

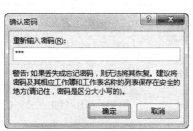

图9-13　再次输入密码

图9-14　隐藏公式后的效果

⑨.1.7　查询公式错误

输入的公式如果出现了错误，会造成公式的计算错误。不同原因造成的公式错误，产生的结果也不一样，下面列举了产生错误公式的各种提示信息和相应的原因。

- ◉ 【#####!】：公式计算的结果长度超出了单元格宽度，只需增加单元格列宽即可。
- ◉ 【#DIV/0】：除数为0，当单元格里为空时，在进行除法运算时，就会出现该错误。
- ◉ 【#N/A】：缺少函数参数，或者没有可用的数值，产生这个错误的原因，往往是因为输入格式不对。
- ◉ 【#NAME?】：公式中引用了无法识别的成分，当公式中使用的名称被删除时，常会产生这个错误。
- ◉ 【#NULL】：使用了不正确的单元格或单元格区域引用。
- ◉ 【#NUM!】：在需要输入数字的函数中，输入了其他格式的参数，或者输入的数字超出了函数范围。
- ◉ 【#REF!】：引用了一个无效的单元格，当该单元格被删除时，就会产生该错误。
- ◉ 【#VALUE!】：公式中的参数产生了运算错误，或者参数的类型不正确。

⑨.2　单元格的引用

引用单元格是通过特定的单元格符号来标识工作表上的单元格或单元格区域，指明公式中所使用的数据位置。通过单元格的引用，可以在公式中使用工作表中不同单元格的数据，或者在多个公式中使用同一单元格的数值。

⑨.2.1　按地址引用单元格

按地址引用单元格是指在Excel工作表的行采用数字(1、2、3…)编号，列采用字母(A、B、C…)编号，然后使用单元格所在的行列编号来表示单元格。下表显示了在公式中使用地址引用单元格或单元格区域的说明。

引用示例	含义说明	引用示例	含义说明
A2	在A列和第2行中的单元格	B:E	B列到E列之间的所有单元格区域
B:B	B列中的所有单元格	10:10	第10行中的所有单元格
5:10	第5行到第10行之间的所有单元格	B10:E10	第10行中B列到E列之间的单元格
A2:A6	在A列第2行到第6行之间的单元格区域	B2:E5,C6	B列到E列第2行到第5行之间的单元格区域，以及C列中第6行的单元格

⑨.2.2 相对引用单元格

单元格的相对引用是指在生成公式时，对单元格或单元格区域的引用基于它们与公式单元格的相对位置。使用相对引用后，系统将会记住建立公式的单元格和被引用的单元格的相对位置关系，在粘贴这个公式时，新的公式单元格和被引用的单元格仍保持这种相对位置。

【例9-5】使用相对引用单元格进行求和计算。

(1) 参照图9-15所示的效果在对应的单元格中输入数据，在D1单元格中输入等号【=】。

(2) 在等号【=】后面输入被引用的单元格地址，或单击要被引用的单元格如A1，其地址会自动出现在编辑栏中，如图9-16所示。

图9-15 输入等号　　　　　　　　图9-16 单击引用的单元格

(3) 输入运算符号如【+】号，再指定另一个相对引用的单元格地址如B1，如图9-17所示。

(4) 按Enter键进行确定，可以得到运算的结果，并在编辑栏中显示公式的引用地址，如图9-18所示。

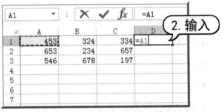

图9-17 指定相对引用的地址　　　　　图9-18 显示引用地址

(5) 将鼠标指针移到D1单元格右下角，然后向下拖动填充柄至D3单元格进行公式填充，如图9-19所示。

（6）选择填充后的任意单元格，在编辑栏中将显示填充的公式，可以看到其中引用的单元格地址为相对地址，如图9-20所示。

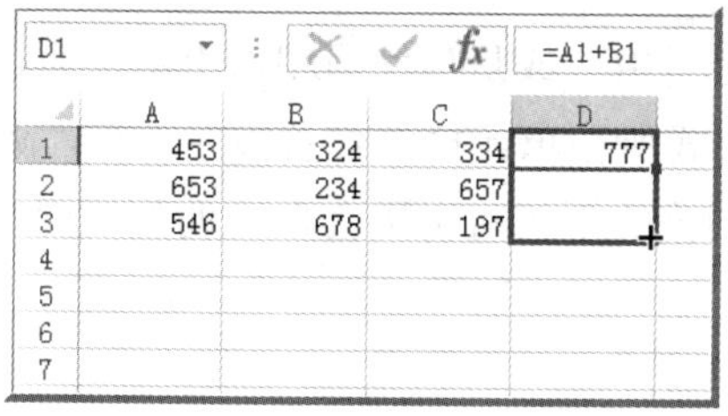

图9-19　拖动填充柄复制公式

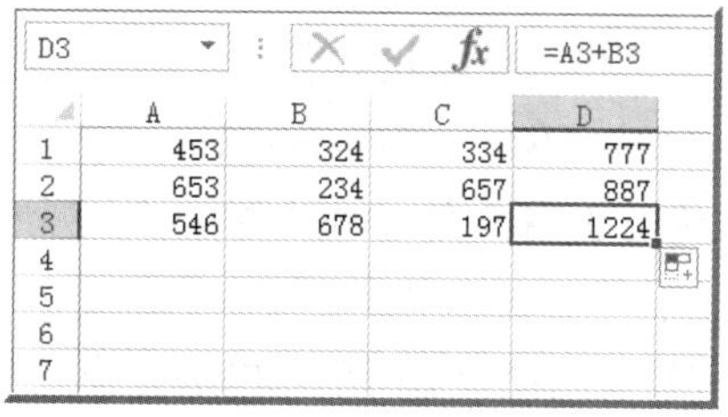

图9-20　公式中的相对引用

提示

相对引用是 Excel 默认的引用方式。在使用相对引用时，单元格中的公式会随着位置的不同而发生改变。若不想让其发生改变，应使用绝对引用。

9.2.3　绝对引用单元格

单元格的绝对引用是指在生成公式时，对单元格或单元格区域的引用是单元格的绝对位置。不论包含公式的单元格处在什么位置，公式中所引用的单元格位置都不会发生改变。如果不希望在复制公式时，引用发生改变，就应该使用绝对引用。

绝对引用的形式是在单元格的行号、列号前加上符号$，如$A$1、$B$1、$A$2、【$B$2】，……以此类推。当使用单元格区域的绝对引用时，将由该区域左上角单元格绝对引用和右下角单元格绝对引用组成，中间用冒号隔开。例如，绝对引用C6到H10之间的单元格区域，绝对引用地址为$C$6:$H$10。

【例9-6】使用绝对引用单元格进行公式填充复制。

（1）参照图9-21所示的效果在对应的单元格中输入数据，并在D1单元格中输入绝对引用的公式内容。

（2）将鼠标指针移到D1单元格右下角，然后向下拖动填充柄至D3单元格进行公式填充，选择填充后的任意单元格，在编辑栏中将显示填充的公式，可以看到其中引用的单元格地址为绝对地址，如图9-22所示。

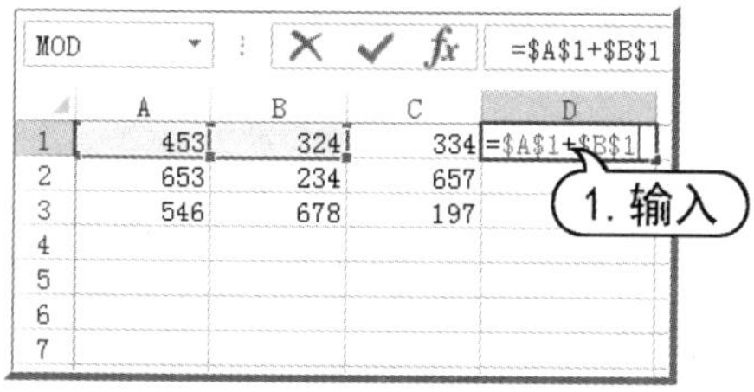

图9-21　输入数据和公式

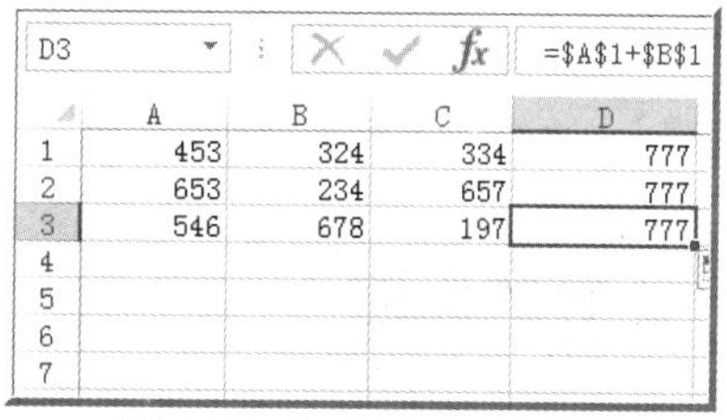

图9-22　绝对引用的单元格

9.2.4 混合引用单元格

混合引用是指行使用相对引用，而列使用绝对引用；或是列使用相对引用，而行使用绝对引用。如$A1、$B1、A$1、B$1等形式。如果公式所在单元格的位置发生改变，则相对引用改变，而绝对引用不变。如果多行或多列地复制公式，相对引用会自动调整，而绝对引用不作调整。

【例9-7】使用混合引用单元格进行公式复制。

(1) 参照图9-23所示的效果在对应的单元格中输入数据，并在D1单元格中输入混合引用的公式内容。

(2) 选中D1单元格，按Ctrl+C组合键进行复制，然后选中E2单元格，按Ctrl+V组合键粘贴复制的公式，在编辑栏中将显示混合的单元格地址，如图9-24所示。

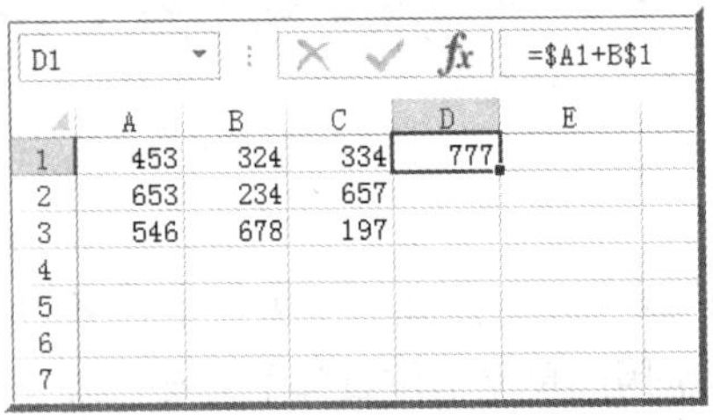

图9-23　输入数据和公式

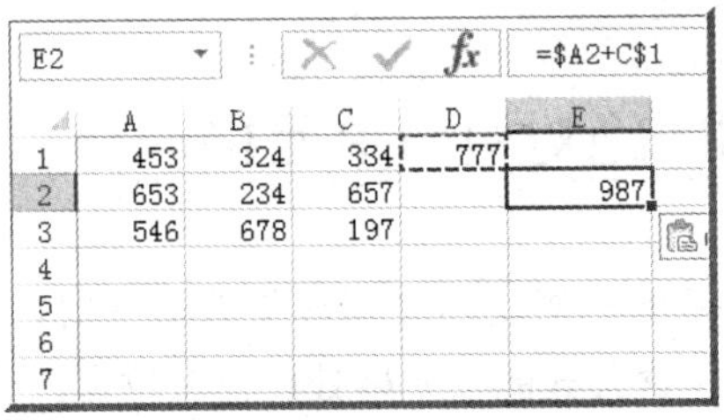

图9-24　混合引用的单元格

提示

在混合引用中，当公式单元格向采用相对引用方向偏移时，它所引用的单元格同样会向该方向偏移；当公式单元格向采用绝对引用方向偏移时，它所引用的单元格不会发生变化。

9.3 使用函数

Excel中所提的函数其实是一些预定义的公式，它们使用一些称为参数的特定数值按特定的顺序或结构进行计算。可以直接用它们对某个区域内的数值进行一系列处理，如分析、处理日期值和时间值等。

9.3.1 函数的概述

函数是由Excel内部定义的、完成特定计算的公式。例如，要求单元格A1到H1中一系列数字之和，可以输入函数=SUM(A1:H1)，而不是输入公式=A1+B1+C1+…+H1。函数可以使用范围引用(如SALES)及数字值(如58.64)。

用户要使用函数时，可以在单元格中直接输入函数，也可以使用函数向导插入函数。每个函数都由下面3种元素构成。

- 等号【＝】：表示后面跟着函数(公式)。
- 函数名(如SUM)：表示将执行的操作。
- 变量(如【A1:H1】)：表示函数将作用的值的单元格地址。变量通常是一个单元格区域，还可以表示为更为复杂的内容。

9.3.2 创建函数

函数是按照特定的语法顺序进行运算的。函数语法是以函数名开头的，在函数名后面是括号，括号之间代表着该函数的参数。函数的创建主要包括手动输入和使用函数向导两种方式。

1. 手动输入函数

如果用户对某种函数非常熟悉，可以使用直接输入方式快速创建函数内容。首先选择要输入函数的单元格，然后直接输入函数内容即可。如图9-25所示是在D1单元格中输入求最大值的函数。

2. 使用函数向导

对于比较复杂的函数，如果通过手动的方式输入，很容易出错，并且函数本身也不好记忆，此时可以通过单击【插入函数】按钮 fx，从而使用Excel自身内置的函数向导来输入函数，如图9-26所示。

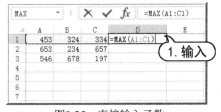

图9-25 直接输入函数

图9-26 使用函数向导

9.3.3 应用常见的函数

在Excel中，有一些函数是工作中经常被使用的，例如自动求和、求平均值、求最大值和最小值、求数量、以及条件函数等，下面就具体介绍一下这些函数的使用方法。

1. 自动求和

自动求和函数SUM()用于求指定单元格区域中数值的和。使用自动求和函数SUM()的操作方法如下。

【例9-8】使用自动求和函数对单元格区域中的数据进行求和。

(1) 打开【销售记录表】工作簿。

(2) 选中F3单元格作为需要求和的单元格，然后单击【公式】选项卡，单击【函数库】组中的【自动求和】按钮 ∑，如图9-27所示。

(3) 系统将自动寻找要求和的区域，如图9-28所示。

图9-27　单击【自动求和】按钮

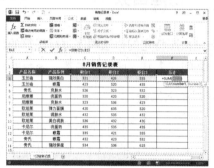

图9-28　自动求和结果

(4) 按Enter键进行确定，即可通过自动求和函数求得结果，如图9-29所示。

(5) 将鼠标指针移到F3单元格右下角，然后向下拖动填充柄至F14单元格进行函数填充复制，即可快速求出对应单元格区域的和，如图9-30所示。

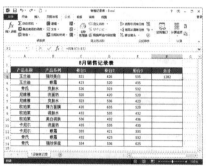

图9-29　自动求和结果

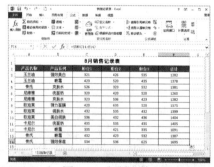

图9-30　复制函数

 提示

在应用函数的过程中，如果系统将自动寻找的求值范围不正确，可以在编辑栏中重新输入引用地址，或者按住并拖动鼠标重新选择求值范围。

2. 求平均值

在Excel中使用求平均函数AVERAGE()可以快速求出单元格区域中的平均值，其操作步骤如下。

【例9-9】求出单元格区域的平均值。

(1) 打开【销售记录表】工作簿，求出【总计】值，然后在G2单元格中输入文本【平均】。

(2) 选择G3作为需要求平均值的单元格，然后单击【函数库】选项组中的【自动求和】下拉按钮，在弹出的下拉菜单中选择【平均值】选项，如图9-31所示。

(3) 系统将自动寻找要求平均值的区域，但系统寻找的区域并不正确，如图9-32所示。

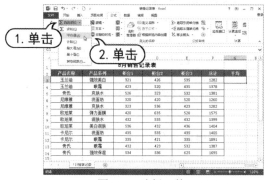

图9-31 选择函数

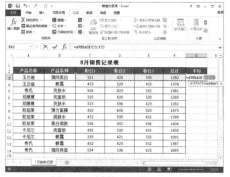

图9-32 系统引用的地址

(4) 按住并拖动鼠标重新选择需要求平均值的区域，如图9-33所示。

(5) 按Enter键进行确定，即可求出指定单元格区域的平均值，使用填充功能可以快速得出各销售部的平均销售额，如图9-34所示。

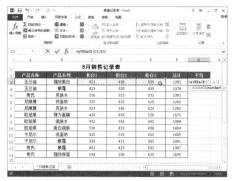

图9-33 选择引用地址

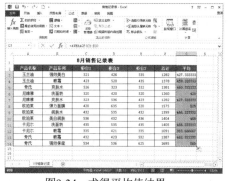

图9-34 求得平均值结果

3. 求最大值与最小值

使用函数MAX()可以在一组数据中求出最大值；使用函数MIN()可以在一组数据中求出最小值。求最大值与求最小值的操作相似，求最大值的具体操作如下。

【例9-10】求出单元格区域的最大值。

(1) 打开【销售记录表】工作簿，求出【总计】值，然后在G2单元格中输入文本【最大】。

(2) 选中G3单元格作为需要求最大值的单元格，单击【公式】选项卡，在【函数库】组中单击【插入函数】按钮 f_x，如图9-35所示。

(3) 打开【插入函数】对话框，在【选择函数】列表框中选择【MAX】选项，然后单击【确定】按钮，如图9-36所示。

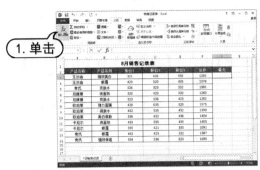

图9-35　单击【插入函数】按钮

图9-36　【插入函数】对话框

(4) 打开【函数参数】对话框，在【Number1】文本框中输入要计算最大值的单元格区域C3:E3，单击【确定】按钮，如图9-37所示。

(5) 返回到工作表窗口，即可看到为选择的单元格区域求出最大值的结果。使用填充功能可以快速得出各销售部的季度最大销售额，如图9-38所示。

图9-37　设置单元格区域

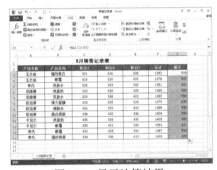

图9-38　显示计算结果

4. 求数量

使用计数函数COUNT()可以快速求出指定单元格区域中存在数据的单元格个数。使用函数COUNT()的操作如下。

【例9-11】求出存放销售数据的单元格个数。

(1) 打开【例9-10】制作的【销售记录表】工作簿。

(2) 选中E15单元格作为求数量的单元格，然后单击【公式】选项卡，在【函数库】组中单击【插入函数】按钮 *fx*，如图9-39所示。

(3) 打开【插入函数】对话框，在【选择函数】列表框中选择【COUNT】选项，然后单击【确定】按钮，如图9-40所示。

(4) 打开【函数参数】对话框，在【Value1】文本框中输入要计算单元格数据个数的单元格区域C3:E14，然后单击【确定】按钮，如图9-41所示，即可计算出指定的单元格区域的存在数据的个数，如图9-42所示。

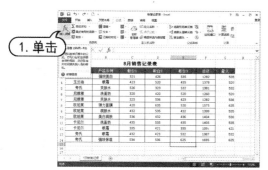

图9-39　单击【插入函数】按钮

图9-40　选择函数

图9-41　选择引用地址

图9-42　求出个数

5. 使用条件函数

使用条件函数IF()可以求出指定单元格中的内容是否满足设置的条件。使用条件函数IF()的操作如下。

【例9-12】通过销售量快速求出优秀员工。

(1) 打开【销售记录表】工作簿，求出【总计】值，然后在G2单元格中输入文本【优秀】。

(2) 选择G3单元格作为存放条件函数结果的单元格，然后单击【函数库】选项组中的【逻辑】下拉按钮，在弹出的下拉菜单中选择IF函数，如图9-43所示。

(3) 打开【函数参数】对话框，在【Logical_test】文本框中输入【F4>1400】，在其他两个文本框中分别输入【是】和【否】，如图9-44所示。

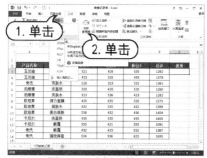

图9-43　选择函数

图9-44　设置条件

(4) 单击【确定】按钮，系统将自动判断指定单元格中的内容是否满足条件，并在目标单元格中显示结果，如图9-45所示。

(5) 对条件函数向下进行填充复制，可以求出其他单元格中的结果，如图9-46所示。

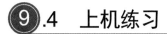

图9-45 显示结果   图9-46 复制条件函数

在【函数参数】对话框设置条件的选项中，各选项的含义如下。

- Logical_test：设置条件的内容，如F3>1400，表示设置的条件是F3单元格中的值为大于1400。
- Value_if_true：输入满足条件时的结果，可以输入任意值或文本，如【是】。
- Value_if_false：输入不满足条件时的结果，可以输入任意值或文本，如【否】。

9.4 上机练习

本节上机练习将制作【电器销售表】和【成绩分析表】工作簿，帮助读者进一步加深对Excel公式和函数知识的掌握。

9.4.1 制作电器销售表

本实例将通过制作【电器销售表】工作簿，巩固公式输入和单元格引用的操作，例如计算多个单元格的和以及项目的乘积，本实例具体的操作如下。

(1) 新建一个Excel工作簿，将其保存为【电器销售表】工作簿，然后参照如图9-47所示的效果输入表格数据。

(2) 选中D4单元格，然后输入公式内容=B4*C4，如图9-48所示，按Enter键，即可得到计算的结果。

图9-47 输入表格数据   图9-48 输入公式内容

(3) 将光标移到D4单元格右下角的填充柄上，当光标变为✛形状时，按住鼠标左键向下拖动，然后释放鼠标对公式进行填充复制，效果如图9-49所示。

(4) 对D4单元格中的公式进行复制，然后粘贴到其他电器销售总价的单元格中，计算出相应的结果，如图9-50所示。

图9-49　填充复制公式

图9-50　计算其他数据

(5) 选中B16单元格，然后输入求和公式内容=D4+D5，如图9-51所示，按Enter键进行确定，即可得到电视机的总销额。

(6) 使用同样的方法，运用求和公式计算出冰箱和洗衣机的销售总额，如图9-52所示。

图9-51　输入求和公式

图9-52　计算其他销售总额

(7) 选中B19单元格，然后单击【公式】选项卡，单击【函数库】组中的【自动求和】按钮∑，系统将自动寻找要求和的区域，如图9-53所示。

(8) 确定系统将自动寻找要求和的区域正确后，按Enter键进行确定，自动求出所有电器的销售总额，完成实例的制作，如图9-54所示。

图9-53　使用自动求和

图9-54　实例效果

9.4.2 制作成绩分析表

本实例将通过制作成绩分析表，巩固练习公式和函数的应用，例如计算多个数的和、求多个数的平均值、以及应用条件函数等，本实例具体的操作如下。

(1) 打开【成绩分析表】工作簿。

(2) 选中G3单元格，然后单击【公式】选项卡，单击【函数库】组中的【自动求和】按钮∑，如图9-55所示。

(3) 审查系统寻找的求和区域是否正确，然后按Enter键进行确定，求出对应学生的总分，如图9-56所示。

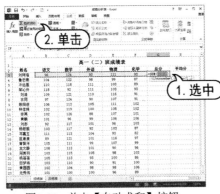
图9-55 单击【自动求和】按钮

图9-56 自动求和结果

(4) 将光标移动到G3单元格右下角的填充柄上，然后按住鼠标左键并向下拖动，如图9-57所示。

(5) 将光标拖动到G23单元格中释放鼠标，在指定单元格区域中对【自动求和】公式进行填充复制，效果如图9-58所示。

图9-57 向下拖动填充柄

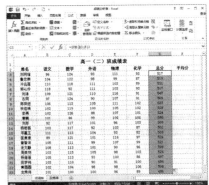
图9-58 自动填充内容

(6) 选中H3单元格，单击【函数库】组中的【自动求和】下拉按钮，在弹出的下拉列表中选择【平均值】选项，如图9-59所示。

(7) 按住并拖动鼠标重新选择需要求平均值的区域为B3:F3，如图9-60所示。

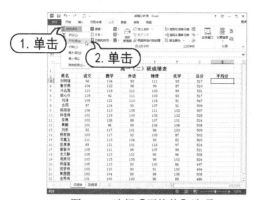

图9-59 选择【平均值】选项

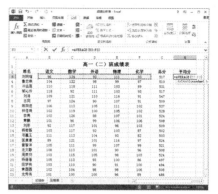

图9-60 重新选择求平均的区域

(8) 按Enter键进行确定，求出对应学生的平均分，如图9-61所示。

(9) 向下拖动H3单元格的填充柄，然后在H23单元格中释放鼠标，在指定单元格区域中对【平均值】函数进行填充复制，求出其他学生的平均分，如图9-62所示。

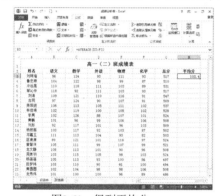

图9-61 得到平均分

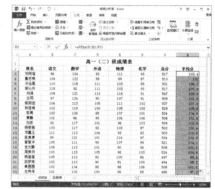

图9-62 求出其他平均分

(10) 选择【及格率】工作表，然后选中C3单元格，输入公式=sum()，并将光标放置在括号内，如图9-63所示。

(11) 单击【函数库】选项组中的【逻辑】下拉按钮，在弹出的列表中选择【IF】命令，如图9-64所示。

图9-63 输入公式

图9-64 使用条件函数

(12) 打开【函数参数】对话框，单击【Logical_test】选项的按钮，如图9-65所示。

(13) 返回工作簿中选择【成绩表】工作表中，然后拖动鼠标选中B3：B23单元格区域，如

图9-66所示。

图9-65 单击按钮

图9-66 选择单元格区域

(14) 单击【函数参数】对话框中的 按钮，展开该对话框，然后在【Logical_test】文本框中设置条件为【成绩表!B3:B23>=90】，再设置满足条件的值为1，不满足条件的值为0，如图9-67所示。

(15) 确定后将得到计算结果为1，然后将光标放置在公式中，如图9-68所示。

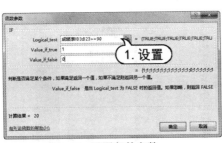

图9-67 设置条件参数

图9-68 将光标放在公式中

 提示

公式【=SUM()】的含义是计算单元格区域中所有数值的和，将光标放入括号中是指计算括号内所有数值的和。

(16) 按Ctrl+Shift+Enter组合键创建数组公式，计算出语文的及格人数，如图9-69所示。

(17) 使用同样的方法计算其他科目的及格人数，效果如图9-70所示。

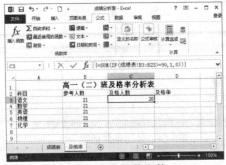

图9-69 语文及格人数

图9-70 其他科目的及格人数

知识点

数组公式用以对两组或多组参数进行多重计算，并返回一种或多种结果，其特点是每个数组参数必须有相同数量的行或列。数组公式被括在大括号内，按 Ctrl+Shift+Enter 组合键可以创建数组公式。

本例在创建数组公式之前，单元格计算的结果只是其中的第一个单元格的条件结果值，创建数组组公式后，计算的结果为条件函数中所选择的所有单元格的条件结果值。

(18) 将D3:D7单元格区域中的数字格式设置为百分比格式，然后选中D3单元格，输入公式=C3/B3并确定，得到语文科目的及格率，如图9-71所示。

(19) 使用同样的方法计算其他科目的及格率，完成实例的制作，效果如图9-72所示。

图9-71　求出语文及格率

图9-72　求出其他科及格率

9.5 习题

1. 在Excel中，公式是以什么开头的？应该如何输入公式？

2. 在Excel中，引用两个单元格之间的数据格式是什么？

3. 相对引用和绝对引用的区别是什么？

4. 公式和函数有什么关系？

5. 假设某人贷款购房，房屋总价为36万，首付了20万，分10年(即120个月)偿还，年利率为5.5%。制作分期付款计算表，计算按月偿还的金额，效果如图9-73所示。

6. 新建一个空白工作簿，参照如图9-74所示的效果，制作差旅费报销单，并使用公式计算报销费用。

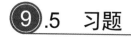

图9-73　制作分期付款计算表

图9-74　制作差旅费报销单

第10章

数据分析与管理

Excel在数据组织、数据管理、数据计算、数据分析等方面都具有非常强大的功能。财务人员可以使用它在数据库管理方面的特性进行财务分析和统计分析，管理人员也可以用它进行管理分析等。

- ◉ 数据排序
- ◉ 数据筛选
- ◉ 数据汇总

10.1 数据排序

在工作表中，可以按照记录的单位对数据进行排序。数据排序是对工作表中的数据按行或列，或根据一定的次序重新组织数据的顺序，排序后的数据可以方便查找。

10.1.1 对单个字段排序

对单个字段进行排序是指只对表格中的一行或一列数据进行排序，是比较简单也比较常用的排序方式，具体操作方法如下。

【例10-1】对学生的总成绩进行降序排列。

(1) 打开【学生成绩表】工作簿。

(2) 选择【总分】列中的任意数据单元格，单击【数据】选项卡，在【排序和筛选】组中单击【降序】按钮 ，如图10-1所示。

(3) 经过上一步操作之后，此时可以看到工作表中的总分已经按照降序进行排列，效果如图10-2所示。

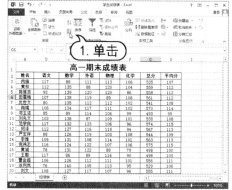

图10-1　单击【降序】按钮

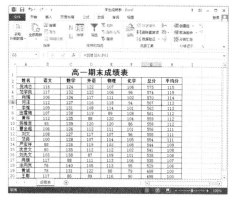

图10-2　按降序排列后的效果

⑩.1.2　对多个字段排序

对多个字段排序是指按多个关键字对数据进行排序，在【排序】对话框的【主要关键字】和【次要关键字】选项区域中设置排序的条件来实现对数据的复杂排序。

【例10-2】对成绩表中的多科成绩进行排序。

(1) 打开【学生成绩表】工作簿。

(2) 单击【数据】选项卡，在【排序和筛选】组中单击【排序】按钮，如图10-3所示。

(3) 打开【排序】对话框，单击【主要关键字】下拉按钮，在弹出的下拉列表中选择【语文】选项，如图10-4所示。

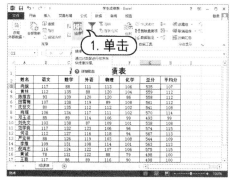

图10-3　单击【排序】按钮

图10-4　选择主要关键字

(4) 单击【添加条件】按钮添加次要关键字，然后单击【次要关键字】下拉按钮，在弹出的下拉列表中选择【数学】选项，单击【确定】按钮，如图10-5所示。

(5) 经过前面的操作之后，可以看到已经对【语文】和【数学】所在列的数据进行了排序，

计算机基础与实训教材系列

当【语文】的成绩相同时，则【数学】所在列的数据开始重新排序，如图10-6所示。

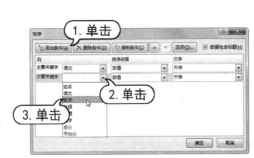

图10-5　选择次要关键字

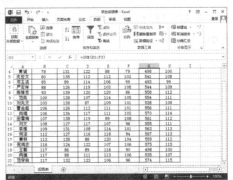

图10-6　复杂排序后的效果

10.1.3　默认的排序次序

在Excel中，除了可以对数值进行排序外，也可以对文本、日期、逻辑等字段进行排序，这些排序的方法是按照一定的顺序进行的。在默认情况下，Excel将按照如表10-1所示的顺序进行升序排列，并使用相反的顺序进行降序排列。

表10-1　默认的排序次序

数据类型	含义
数字	按照从最小的负数到最大的正数进行排序
文本	按照汉字的拼音的首字母进行排列，如果第一个汉字相同，则按照第二个汉字拼音的首字母进行排列
日期	按照从最早的日期到最晚的日期进行排序。
逻辑	False排在True之前
空白单元格	无论是升序排列，还是降序排列，空白单元格总是放在最后

10.1.4　自定义排序次序

Excel允许对数据进行自定义排序，通过【自定义序列】对话框可对排序的次序进行设置，具体的操作方法如下。

【例10-3】对数据进行自定义排序。

(1) 新建一个空白工作簿，创建如图10-7所示的电器销售表。

(2) 单击【数据】选项卡，在【排序和筛选】组中单击【排序】按钮。

(3) 打开【排序】对话框，单击【主要关键字】下拉按钮，在下拉列表中选择【姓名】选项，单击【次序】下拉按钮，从弹出的下拉列表中选择【自定义序列】选项，如图10-8所示。

图10-7　创建表格内容

图10-8　选择【自定义序列】选项

(4) 打开【自定义序列】对话框，在【输入序列】列表框中输入自定义序列内容，然后单击【添加】按钮，如图10-9所示。

(5) 单击【确定】按钮返回【排序】对话框中，在【次序】下拉列表中选择自定义序列的升序或降序，如图10-10所示。

图10-9　输入并添加自定义序列　　　　图10-10　选择自定义序列方式

(6) 单击【确定】按钮返回表格中，可以看到【姓名】列中的数据已按自定义序列次序进行排序，如图10-11所示。

电器销售表			
姓名	电视机	冰箱	空调
张林	87	107	89
王小聪	117	109	139
李泽	107	106	135
陈吉	93	139	120
刘文	103	138	87
范文良	100	128	107
倪志	112	108	126
冉一	119	126	119

图10-11　自定义排序后的效果

提示

　　如果这里不设置自定义排序，在对【姓名】列中的数据进行排序时，将按照姓名中第一个字的拼音字母进行排序。

10.2　数据筛选

　　若要将符合一定条件的数据记录显示或放置在一起，可以使用Excel提供的数据筛选功能，按一定的条件对数据记录进行筛选。使用数据筛选功能可以从庞大的数据中选择某些符合条件的数据，并隐藏无用的数据，从而减少数据量，易于查看。

计算机 基础与实训教材系列

⑩.2.1 自动筛选

使用自动筛选可以创建按列表值、按格式和按条件3种筛选类型。对于每个单元格区域或列而言，这3种筛选都是互斥的。对数据记录进行自动筛选的具体操作步骤如下。

【例10-4】自动筛选前5名学生的成绩。

(1) 打开【例10-3】制作的【学生成绩表】工作簿。

(2) 在数据中选择任意单元格，然后单击【数据】选项卡，单击【排序和筛选】选项组中的【筛选】按钮 ▼，在数据标题行的字段右边将出现下拉按钮，如图10-12所示。

(3) 单击标题行字段的下拉按钮，会弹出相应的下拉列表，在列表中可对数据进行各种方式的自动筛选。例如，单击【总分】标题右方的下拉按钮，然后选择【数字筛选】|【10个最大的值】选项，如图10-13所示。

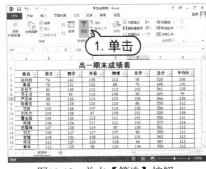
图10-12 单击【筛选】按钮

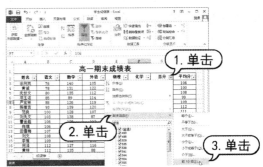
图10-13 进行筛选操作

(4) 打开【自动筛选前10个】对话框，设置最大的项数为5，如图10-14所示。

(5) 在【自动筛选前10个】对话框中单击【确定】按钮，即可自动筛选出总分排在前5名的学生成绩，如图10-15所示。

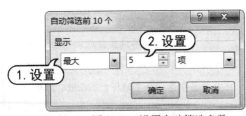
图10-14 设置自动筛选参数

图10-15 自动筛选结果

⑩.2.2 自定义筛选

通过自定义筛选功能，可以使用多种条件来设置筛选数据，从而更加灵活地筛选数据。自定义筛选的具体操作如下。

【例10-5】筛选总分等于或大于500的学生成绩。

(1) 打开【学生成绩表】工作簿。

(2) 在数据中选择任意单元格，然后单击【数据】选项卡，单击【排序和筛选】选项组中的【筛选】按钮 ▼，进入筛选状态。

(3) 单击【总分】下拉按钮，在弹出的下拉列表中选择【数字筛选】|【自定义筛选】选项，如图10-16所示。

(4) 打开【自定义自动筛选方式】对话框，在【总分】选项区域中的第一个下拉列表框中选择【等于】选项，在其右侧的文本框中输入500，然后选中【或】单选按钮，在第二个下拉列表框中选择【大于】选项，在其右侧的文本框中输入500，如图10-17所示。

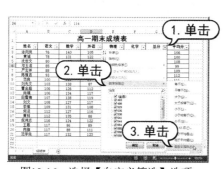

图10-16　选择【自定义筛选】选项

图10-17　设置筛选的参数

(5) 在【自定义自动筛选方式】对话框中单击【确定】按钮，即可对总分等于或大于500的学生成绩进行筛选，如图10-18所示。

图10-18　显示筛选后的结果

提示

如果需要同时满足两个条件时，就应该在【自定义自动筛选方式】对话框中选中【与】单选按钮；如果只需要同时满足其中一个条件时，就应该选中【或】单选按钮。

10.2.3　高级筛选

高级筛选是按用户设定的条件对数据进行筛选，可以筛选出同时满足两个或两个以上条件的数据，高级筛选的具体操作如下。

【例10-6】筛选语文、数学和外语都大于100的学生成绩。

(1) 打开【学生成绩表】工作簿。

(2) 在工作表中任意的空白单元格区域输入筛选条件(本例设置语文、数学和外语都大于100)，如图10-19所示。

(3) 单击【数据】选项卡，单击【排序和筛选】选项组中的【高级】按钮，打开【高级筛选】对话框，在【方式】选项组中单击【条件区域】后方的 按钮，如图10-20所示。

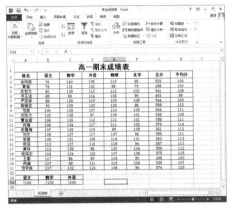

图10-19　输入条件

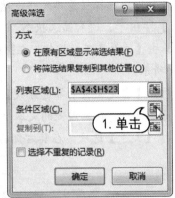

图10-20　单击按钮

(4) 在工作表中选择筛选条件所在的单元格，如图10-21所示。

(5) 单击【高级筛选-条件区域】对话框中的 按钮，返回到【高级筛选】对话框进行确定，即可显示高级筛选的结果，如图10-22所示。

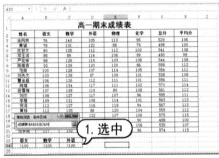

图10-21　指定条件单元格

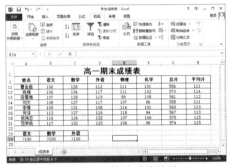

图10-22　显示筛选后的结果

在【高级筛选】对话框中提供了两种筛选方式，其功能如下。

⊙ 在原有区域显示筛选结果：选中该单选按钮，将筛选的结果显示在原有的数据区域上。

⊙ 将筛选结果复制到其他位置：选中该单选按钮，将筛选的结果显示在其他单元格区域中，并通过【复制到】后面的按钮指定单元格区域。

⑩.2.4　取消筛选

当用户不需要对数据进行筛选时，可以取消工作表的筛选效果，取消自动筛选和高级筛选的操作如下。

⊙ 取消自动筛选：单击【数据】选项卡，单击【排序和筛选】组中的【筛选】按钮 。

⊙ 取消高级筛选：单击【数据】选项卡，单击【排序和筛选】组中的【清除】按钮 。

⑩.3 分类汇总

分类汇总是指根据数据库中的某一列数据将所有记录分类,然后对每一类记录进行分类汇总。在数据管理过程中,有时需要进行数据统计汇总工作,以便用户进行决策判断。这时可以使用Excel提供的分类汇总功能完成这项工作。

⑩.3.1 创建单个分类汇总

在数据清单中创建分类汇总之前,首先需要以分类列为排序字段对分类列数据清单进行排序,创建分类汇总的具体操作如下。

【例10-7】在工作表中创建单个分类汇总。

(1) 打开【电器销售表】工作簿。

(2) 对【卖场】所在的列进行排序,然后单击【数据】选项卡,单击【分级显示】组中的【分类汇总】按钮，如图10-23所示。

(3) 打开【分类汇总】对话框,在【分类字段】下拉列表中选择【卖场】选项,在【选定汇总项】列表中选中【合计】复选框,并根据需要设置其他选项,如图10-24所示。

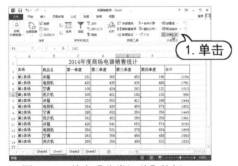

图10-23　单击【分类汇总】按钮

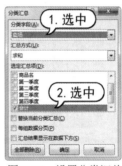

图10-24　设置分类汇总

(4) 单击【分类汇总】对话框中的【确定】按钮,即可得到如图10-25所示的汇总效果。

(5) 如果要对商品进行分类汇总,需要先对商品名进行排序,然后在【分类汇总】对话框的【分类字段】下拉列表中选择【商品名】选项,对商品进行分类汇总的效果如图10-26所示。

图10-25　对卖场分类汇总

图10-26　对电器分类汇总

在【分类汇总】对话框下方有3个指定汇总结果位置的复选项,其含义分别如下。

◉ 替换当前分类汇总：选择该选项，如果是在分类汇总的基础上又进行分类汇总操作，则清除前一次的汇总结果。

◉ 每组数据分页：选择该选项，在打印工作表时，每一类将分开打印。

◉ 汇总结果显示在数据下方：在默认情况下，分类汇总的结果放在本类的第一行。选择该选项后，分类汇总的结果将显示在本类的最后一行。

⑩.3.2 创建嵌套分类汇总

在现有的分类汇总数据中，可以为更小的类别分类汇总，即嵌套分类汇总，创建嵌套分类汇总的具体操作如下。

【例10-8】在工作表中创建嵌套分类汇总。

(1) 打开【例10-8】工作簿素材，对工作表进行多字段排序，设置【城市】为主要关键字，设置【卖场】为次要关键字，如图10-27所示。

(2) 单击【数据】选项卡，单击【分级显示】组中的【分类汇总】按钮，打开【分类汇总】对话，设置【分类字段】为【城市】，然后单击【确定】按钮，如图10-28所示。

图10-27 进行多字段排序

图10-28 设置分类汇总

(3) 对工作表进行第一次汇总后，继续打开【分类汇总】对话框，设置【分类字段】为【卖场】，取消【替换当前分类汇总】复选框，如图10-29所示。

(4) 单击【分类汇总】对话框中的【确定】按钮，即可对工作表进行第二次汇总，完成后的汇总结果如图10-30所示。

图10-29 多字段排序

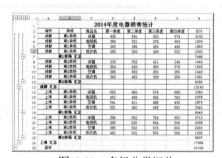

图10-30 多级分类汇总

创建嵌套分类汇总需要经过以下3个过程：

- 对用于计算分类汇总的两列或多列数据进行数据清单排序。
- 对第一个分类字段进行汇总。
- 显示出对第一个分类字段的汇总，然后对第二个字段进行汇总。

⑩.3.3 显示或隐藏汇总数据

在显示分类汇总结果的同时，分类汇总表的左侧将自动显示一些分级显示的按钮 ⊞、⊟、和 ⎡1⎤⎡2⎤⎡3⎤⎡4⎤，使用这些分级显示按钮可以控制数据的显示。

例如，单击各个汇总前面的两级【折叠细节】按钮 ⊟，即可隐藏各城市中各条记录的详细内容，如图10-31所示。此时再单击【成都 汇总】前面的三级【展开细节】按钮 ⊞，即可显示成都卖场中的各条记录的详细内容，如图10-32所示。

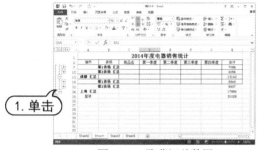

图10-31 隐藏汇总数据

图10-32 显示汇总数据

对数据清单分类汇总后，可以对不同级别的数据进行隐藏或显示。隐藏和显示分级明细数据的方法如下。

- 隐藏分组中的明细数据，单击相应的级别符号或隐藏明细数据符号 ⊟。
- 隐藏指定级别的分级，单击上一级的行或列级别符号 ⎡1⎤⎡2⎤⎡3⎤⎡4⎤。
- 隐藏整个分级显示中的明细数据，单击第一级显示级别符号 ⎡1⎤。
- 显示分组中的明细数据，单击明细数据符号 ⊞。
- 显示指定级别，单击相应的行或列级别符号 ⎡1⎤⎡2⎤⎡3⎤⎡4⎤。
- 显示整个分级中的明细数据，单击与最低级别的行或列对应的级别符号。例如，如果分级显示中包括 3 个显示级别，则单击 ⎡3⎤。

⑩.3.4 清除分级显示

使用分级显示可以快速显示分类汇总中的明细数据，在建立完分组显示后，当不再使用分级显示时，用户也可以对其进行清除。

将光标定位在要清除分级显示的表格中，然后单击【数据】选项卡，单击【分级显示】组中的【取消组合】下拉按钮 🔄，在弹出的下拉列表中选择【清除分级显示】命令，如图10-33 所示，即可清除当前表格中的分级显示，如图10-34所示。

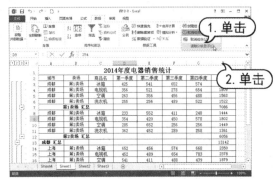

图10-33　选择【清除分级显示】命令　　　　　图10-34　清除分级显示

⑩.3.5　删除分类汇总

　　在Excel中，可以将创建的分类汇总删除，而不影响数据清单中的数据记录。当在数据清单中删除分类汇总时，同时也将删除对应的分级显示。

　　在含有分类汇总的数据清单中选择任意的单元格，然后单击【数据】选项卡，单击【分级显示】选项组中的【分类汇总】按钮 🖩，在打开的【分类汇总】对话框中单击【全部删除】按钮，即可删除分类汇总。

⑩.4　上机练习

　　本节上机练习将制作【经营记录表】和【工资汇总表】工作簿，帮助读者进一步掌握Excel数据分析和管理的操作与应用。

⑩.4.1　制作经营记录表

　　本练习将制作经营记录表，巩固本章所学的知识。在制作本例的操作中，首先输入工作表的基本数据，然后使用公式计算出需要的数据，再对数据进行排序。

　　(1) 启动Excel应用程序，新建一个空白工作簿，然后输入如图10-35所示的数据。

　　(2) 选中H3单元格，输入公式【=G3-B3-C3-D3-E3-F3】，如图10-36所示。

　　(3) 按Enter键显示计算结果，然后将求得的收入向下填充至H9单元格。

　　(4) 选中任意含有数据的单元格，单击【数据】选项卡，在【排序和筛选】组中单击【排序】按钮，如图10-37所示。

　　(5) 打开【排序】对话框，在【主要关键字】下拉列表框中选择排序字段为【收入】，如

图10-38所示。

图10-35　输入工作表数据　　　　　　　　图10-36　输入公式内容

图10-37　单击【排序】按钮

图10-38　设置主要关键字

(6) 单击【添加条件】按钮，添加一个次要关键字，在【次要关键字】下拉列表中选择【菜品收入】字段，如图10-39所示。

(7) 单击【确定】按钮返回工作表中，可以看到表格中的数据按照【净收入】从低到高进行了排列，对于净收入相同的，会再按照【菜品收入】从低到高进行排序，效果如图10-40所示。

图10-39　添加次要关键字

图10-40　实例效果

(10).4.2　制作工资汇总表

本例将通过对员工工资进行分类汇总的操作，巩固练习应用求和函数和分类汇总的方法，本例的具体操作如下。

(1) 启动Excel应用程序，打开【工资汇总表】工作簿。

(2) 选中I3单元格，然后单击【公式】选项卡，单击【函数库】组中的【自动求和】按钮 ∑，计算出对应员工的实发工资，如图10-41所示。

(3) 向下拖动I3单元格右下角的填充柄，求出其他员工的实发工资，如图10-42所示。

图10-41 对工资自动求和	图10-42 填充实发工资

（4）选中A2:I16单元格区域，然后单击【数据】选项卡，单击【分级显示】选项组中的【分类汇总】按钮，如图10-43所示。

（5）在打开的【分类汇总】对话框中设置分类字段为【部门】、汇总方式为【求和】、设置汇总项为【实发工资】，如图10-44所示。

图10-43 单击【分类汇总】按钮

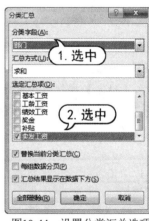

图10-44 设置分类汇总选项

（6）单击【确定】按钮，即可对所选内容进行分类汇总，效果如图10-45所示。

（7）单击汇总前面的两级按钮，将显示第二级汇总内容，效果如图10-46所示，完成实例的制作。

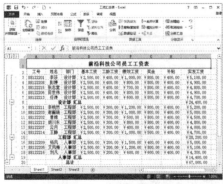

图10-45 分类汇总效果

图10-46 第二级分类汇总结果

10.5　习题

1. 在Excel中，可以对哪些类型的数据进行排序？如何进行数据排序操作？

2. 如果要对多种字段进行排列，应该如何操作？

3. 筛选的作用是什么？Excel提供了哪几种主要筛选方式？

4. 分类汇总的作用是什么？进行分类汇总前需要进行什么操作？

5. 如何对多个项目进行汇总(即嵌套汇总)？

6. 打开【销售分析表】，使用公式计算【差额】列和【增长率】列的数值，如图10-47所示(差额=本年销售收入-上年销售收入，增长率=差额/上年销售收入)。

7. 在第6题的基础上，按升序方式对【增长率】进行重新排序，效果如图10-48所示。

图10-47　计算差额和增长率　　　　图10-48　升序排列增长率

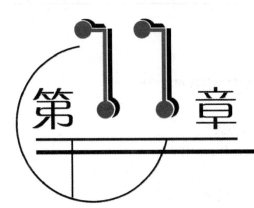

第11章

应用图表分析数据

11.1　创建和设置图表

图表是数据的图形化表示方式，采用合适的图表类型来显示数据将有助于理解数据。在创建图表前，必须有一些数据。图表本质上是按照工作表中的数据而创建的对象。对象由一个或者多个以图形方式显示的数据系列组成。

11.1.1　创建图表

根据工作表中的数据，创建出的图表可以直观地反映出数据间的关系及数据间的规律，下面介绍创建图表的方法。

【例11-1】在工作表中为选中的数据源创建柱形图图表。

(1) 打开【日常费用表】工作簿，选中单元格区域B2:G8，如图11-1所示。

(2) 单击【插入】选项卡，在【图表】组中单击【插入柱形图】下拉按钮，在弹出的下拉列表中选择【三维簇状柱形图】选项，如图11-2所示。

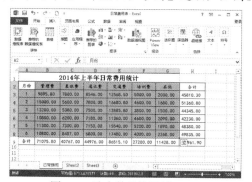

图11-1 选中单元格区域

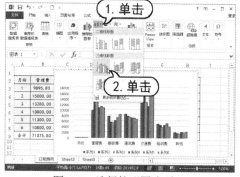

图11-2 选择柱形图选项

(3) 返回到工作表，即可看到插入柱形图图表后的效果，如图11-3所示。

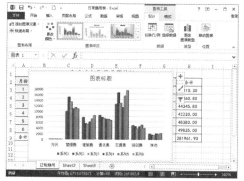

图11-3 插入柱形图图表后的效果

知识点

创建好的图表通常由【图表标题】、【绘图区】和【图例项】3部分组成。

11.1.2 更改图表的类型

由于不同的图表类型所能表达的数据信息不同，因此根据图表的不同应用就需要选择不同的图表类型，用户可以对图表的类型进行修改，具体的操作方法如下。

【例11-2】将柱形图更改为折线图。

(1) 打开【例11-1】制作的【日常费用表】工作簿。

(2) 选中要更改类型的图表，单击【设计】选项卡，在【类型】组中单击【更改图表类型】按钮，如图11-4所示。

(3) 打开【更改图表类型】对话框，单击【折线图】选项卡，然后在右侧选择【折线图】选项，如图11-5所示。

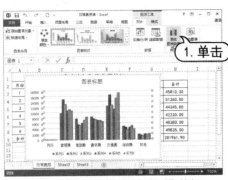

图11-4　单击【更改图表类型】按钮

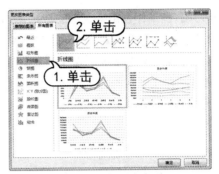

图11-5　选择图表类型

(4) 单击【确定】按钮返回到工作表中，即可更改图表的类型，效果如图11-6所示。

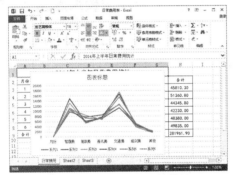

图11-6　更改图表类型后的效果

提示

不同的图表类型所需要的数据特征不同，反映的问题以及所应用的对象和范围都有特点。

11.1.3　调整图表位置和大小

在默认情况下，创建的图表和关联数据在同一工作表上，用户可以将创建的图表移动到其他工作表中，还可以调整图表的位置和大小，具体的操作方法如下。

【例11-3】调整图表的位置和大小。

(1) 打开【例11-2】制作的【日常费用表】工作簿。

(2) 选中工作簿中的图表对象，选择【设计】选项卡，在【位置】组中单击【移动图表】按钮，如图11-7所示。

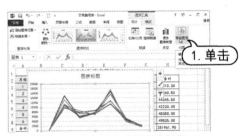

图11-7　单击【移动图表】按钮

(3) 打开【移动图表】对话框，选中【对象位于】单选按钮，在下拉列表中择要移动到的标签名称【Sheet2】选项，如图11-8所示。

(4) 单击【确定】按钮，即可将图表移动到选择的Sheet2工作表中，如图11-9所示。

(5) 拖动图表四周的控制点可以放大或缩小图表，

图11-8　【移动图表】对话框

效果如图11-10所示。

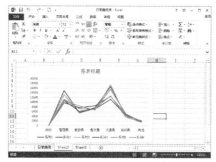

图11-9　移动图表后的效果

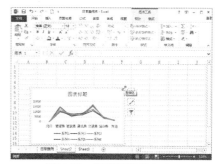

图11-10　调整图表的大小

(6) 单击图表中的绘图区，即可看到绘图区四周出现8个控制点。拖动绘图区四周的控制点即可调整绘图区的大小，效果如图11-11所示。

(7) 将鼠标放在图表中，当鼠标指针变成十字形状时按下鼠标左键拖动，即可在工作表中移动图表的位置，效果如图11-12所示。

图11-11　调整绘图区的大小

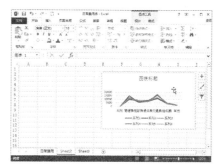

图11-12　移动图表的位置

⑪.1.4　设置图表格式

创建好图表后，用户可以对图表的边框颜色、边框样式、阴影、大小和属性进行设置，通过对图表格式的设置，可以美化图表效果。

1. 设置图表区格式

在图表区的空白位置右击，在弹出的快捷菜单中选择【设置图表区域格式】命令，如图11-13所示，在打开的【设置图表区格式】窗格中即可对图表区进行填充或边框设置，如图11-14所示是对图表区填充渐变色的效果。

 提示 -

在【设置图表区格式】窗格中拖动右方的滚动条，可以显示设置图表边框的选项。

图11-13 选择命令

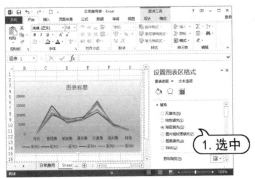

图11-14 设置图表区格式

2. 设置绘图区格式

在绘图区位置右击，在弹出的快捷菜单中选择【设置绘图区格式】命令，如图11-15所示，然后在打开的【设置绘图区格式】窗格中即可对绘图区进行填充或边框设置，如图11-16所示是增加边框线的效果。

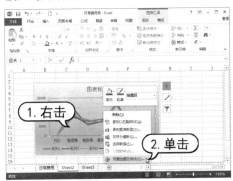

图11-15 选择命令

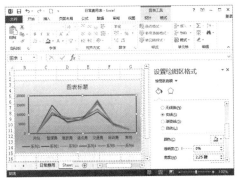

图11-16 设置绘图区格式

3. 设置坐标轴格式

在图表的垂直坐标轴或水平坐标轴元素位置右击，在弹出的快捷菜单中选择【设置坐标轴格式】命令，如图11-17所示，在打开的【设置坐标轴格式】对话框中即可设置坐标轴的位置、数字、填充等，如图11-18所示是对坐标轴添加渐变色的效果。

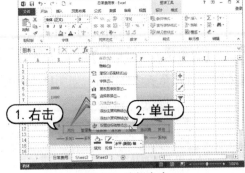

图11-17 选择命令

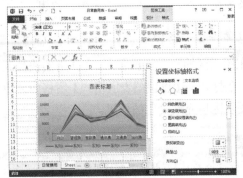

图11-18 设置坐标轴格式

4. 设置图例格式

在图表图例元素位置右击，在弹出的快捷菜单中选择【设置图例格式】命令，如图11-19所示，在打开的【设置图例格式】窗格中即可设置图例的位置、填充效果、边框颜色、边框样式、阴影、发光和柔化边缘等，如图11-20所示是改变图例位置的效果。

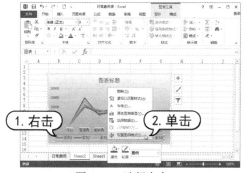
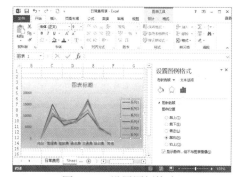

图11-19　选择命令　　　　　　　　图11-20　设置图例格式

5. 设置数据系列格式

在图表的数据系列元素位置右击，在弹出的快捷菜单中选择【设置数据系列格式】命令，如图11-21所示，在打开的【设置数据系列格式】对话框中即可设置数据系列的间距、填充、边框颜色等，如图11-22所示是使用【次坐标轴】的效果。

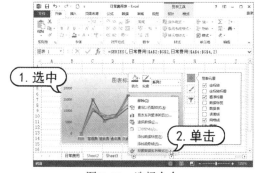
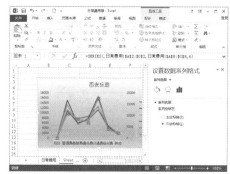

图11-21　选择命令　　　　　　　　图11-22　设置数据系列格式

⑪.1.5　添加图表系列

在创建好图表后，用户也可以在Excel的表格中添加需要的数据，从而实现在关联图表中添加数据的目的。用户可以使用如下方法在图表中添加数据系列。

【例11-4】在图表中添加数据系列。

(1) 打开【例11-1】制作的【日常费用表】工作簿。

(2) 在Excel表格中输入添加7、8月份的数据，然后选中图表对象，再单击【设计】选项卡，单击【数据】选项组中的【选择数据】按钮，如图11-23所示。

(3) 在打开的【选择数据源】对话框中单击 按钮，如图11-24所示。

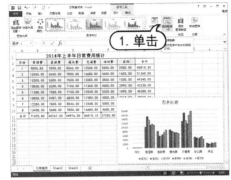
图11-23 单击【选择数据】按钮

图11-24 单击按钮

(5) 在表格中重新选择需要的数据区域，如图11-25所示。

(6) 单击 按钮返回对话框进行确定，即可重新指定图表的数据，如图11-26所示。

图11-25 选择数据区域

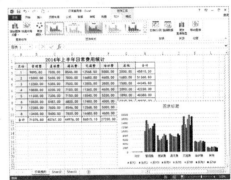
图11-26 调整后的图表

提示 --

　　在Excel表格中输入要添加的数据，然后选择图表，则数据区域将被自动选中，此时将鼠标指针移动到数据框的右下角，当变为双向斜箭头 时，向下拖动数据区域，也可以添加输入的数据。

⑪.1.6 删除图表系列

　　用户不仅可以在图表中添加需要的数据，也可以将图表中多余的数据删除。删除图表中的数据包括如下几种方法。

- 在工作表中选择要删除图表中的数据区域，然后按Delete键将其删除，即可连同图表中的数据一起删除。
- 在图表区中选择要删除的数据，然后按Delete键，也可以删除图表中的数据，但不会删除工作表中的数据。

⊙ 选择图表时，工作表中的数据将自动被选中，然后将鼠标移动到选定数据的右下角，再向上拖动鼠标，可以减少数据区域的范围，即可删除图表中的数据。

⊙ 通过打开【选择数据源】对话框，重新选择数据的区域，从而删除不需要的数据。

11.2　创建趋势线与误差线

图表还有一定的分析预测功能，使用户能从中发现数据运动规律并预测未来趋势，其中趋势线和误差线分析是一般工作中经常使用的两种分析方法。

11.2.1　添加图表趋势线

趋势线可以帮助用户更好地观察数据的发展趋势，虽然趋势线与图表中的数据系列有关联，但趋势线并不表示该数据系列的数据。

【例11-5】为图表数据添加趋势线。

(1) 打开【销售统计表】工作簿。

(2) 选中图表，然后单击【布局】选项卡，在【图表布局】组中单击【添加图表元素】下拉按钮，在弹出的下拉列表中选择【趋势线】|【指数】选项，如图11-27所示。

(3) 此时即可看到为选中图表添加趋势线后的效果，如图11-28所示。

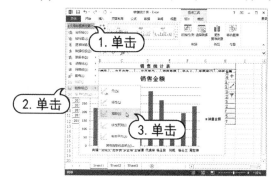
图11-27　选择【指数】选项

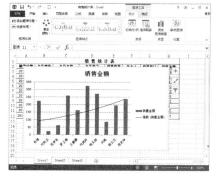
图11-28　添加趋势线后的效果

11.2.2　添加图表误差线

误差线通常用在统计或科学记数法数据中，误差线显示相对序列中的每个数据标记的潜在误差或不确定度。

【例11-6】为图表数据添加误差线。

(1) 打开【日常费用表】工作簿，选中表格中的1-6月份的合计数据，然后插入二维柱形图表，如图11-29所示。

(2) 选中图表，单击图表右上角的【加号】图标➕，在弹出的【图表元素】窗格中选中【数据标签】复选框，添加该图表元素，如图11-30所示。

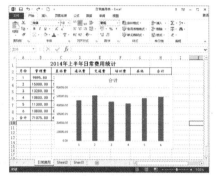
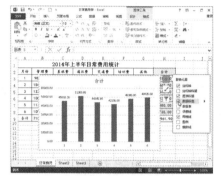

图11-29　插入二维柱形图表　　　　图11-30　添加【数据标签】元素

(3) 选中图表，然后单击【布局】选项卡，在【图表布局】组中单击【添加图表元素】下拉按钮，在弹出的下拉列表中选择【误差线】|【百分比】选项，如图11-31所示。

(4) 此时即可看到为选中数据系列添加误差线后的效果，如图11-32所示。

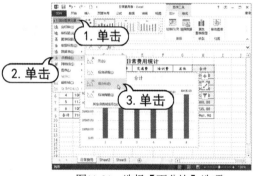
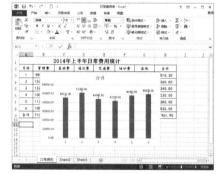

图11-31　选择【百分比】选项　　　　图11-32　添加误差线后的效果

11.3　使用数据透视表

数据透视表能够迅速方便地从数据源中提取并计算需要的信息，从而方便用户查看一个具有很多数据的工作表。

11.3.1　创建数据透视表

使用数据透视表可以对大量数据进行汇总，帮助用户快速查看数据源的汇总结果。创建数据透视表的方法如下。

【例11-7】在工作表中创建数据透视表。

(1) 打开【电器销售记录表】工作簿。

(2) 选中任意单元格，单击【插入】选项卡，在【表格】组中单击【数据透视表】按钮，如图11-33所示。

图 11-33　单击【数据透视表】按钮

(3) 打开【创建数据透视表】对话框，选中【新工作表】单选按钮，然后单击【表/区域】右侧的折叠按钮，如图11-34所示。

(4) 返回到工作表，选择单元格区域A2:D18，如图11-35所示。

(5) 单击【创建数据透视表】对话框中的展开按钮，返回【创建数据透视表】对话框进行确定，可以插入空数据透视表，并打开【数据透视表字段】窗格，如图11-36所示。

(6) 在【数据透视表字段】窗格的列表框中选中所有字段，并将各个字段拖动到下方需要的位置，可以在数据透视表中显示相应的内容和数据，如图11-37所示。

图 11-34　【创建数据透视表】对话框

(7) 单击行标签右方的【手动筛选】按钮，可以在弹出的列表中对【月份】进行筛选，如图11-38所示。

图11-35　选择单元格区域

图11-36　插入空数据透视表

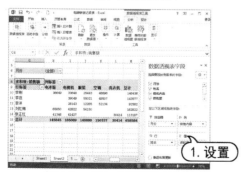

图11-37　添加字段到报表中

图11-38　对【月份】进行筛选

⑪.3.2 设置透视表布局和样式

选择不同的布局，数据透视表的表现形式也不同，但不会影响数据计算的结果。用户可根据需要选择合适的数据透视表布局，还可以设置数据透视表的样式。

【例11-8】设置数据透视表的布局方式和样式。

(1) 打开【例11-7】制作的【电器销售记录表】工作簿。

(2) 选中数据透视表中任意数据单元格，单击【设计】选项卡，在【布局】组中单击【报表布局】下拉按钮，在弹出的下拉列表中选择【以表格形式显示】选项，如图11-39所示。

(3) 设置的数据透视表将以表格形式显示，如图11-40所示。

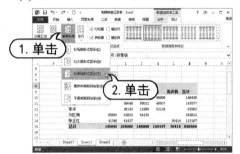

图11-39 选择【以表格形式显示】选项

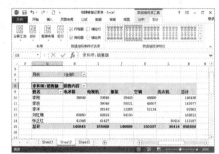

图11-40 以表格形式显示的效果

(4) 选中数据透视表，单击【设计】选项卡，在【数据透视表样式】列表框中选择【数据透视表样式中等深浅12】选项，如图11-41所示。

(5) 此时即可看到应用数据透视表样式后的效果，如图11-42所示。

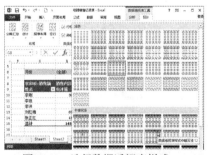

图11-41 选择数据透视表样式

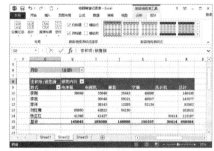

图11-42 更改数据透视表样式

⑪.4 使用数据透视图

数据透视图可以看作是数据透视表和图表的结合，是以图形的形式表示数据透视表中的数据。下面介绍数据透视图的应用方法。

11.4.1　创建数据透视图

数据透视图是对数据透视表数据形象、直观的展示。数据透视图是在数据透视表的基础上对数据的进一步直观展现。

【例11-9】在工作表中创建数据透视图。

(1) 打开【例11-8】制作的【电器销售记录表】工作簿。

(2) 选中数据透视表中的任意数据单元格，单击【分析】选项卡，在【工具】组中单击【数据透视图】按钮，如图11-43所示。

(3) 打开【插入图表】对话框，在【柱形图】选项区域中选择【簇状柱形图】选项，然后单击【确定】按钮，如图11-44所示。

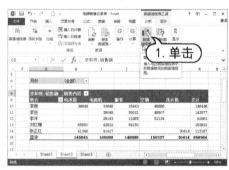

图11-43　单击【数据透视图】按钮

图11-44　【插入图表】对话框

(4) 返回工作表中，可以看到工作表中创建的数据透视图，如图11-45所示。

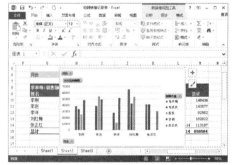

图11-45　数据透视图

> **提示**
>
> 用户还可以在创建数据透视表的同时创建数据透视图，单击【插入】选项卡，在【表格】组的【数据透视表】下拉列表中选择【数据透视图】选项即可。

11.4.2　筛选透视图数据

与数据透视表一样，在数据透视图中也可以进行筛选操作。在数据透视图中显示了很多筛选字段，用户可根据需要筛选出需要的数据。

【例11-10】在数据透视图中按月份筛选数据。

(1) 打开【例11-9】制作的【电器销售记录表】工作簿。

(2) 单击【月份】下拉按钮，在弹出的下拉列表中选中【选择多项】和【一月】复选框，然后单击【确定】按钮，如图11-46所示。

(3) 经过上一步操作后，数据透视图中只显示一月份的销售情况，如图11-47所示。

图11-46 选择要筛选的月份

图11-47 按月份筛选后的效果

11.5 上机练习

本节上机练习将制作【经营分析图表】和【工资数据透视表】工作簿，帮助读者进一步加深对Excel图表分析的掌握。

11.5.1 制作经营分析图表

本实例将通过制作公司经营分析图表，巩固练习创建和设置图表的操作。在本例的制作过程中，需要掌握公式输入、插入图表、设置图表等操作，本例的具体操作如下。

(1) 新建一个Excel工作簿，将其保存为【经营分析图表】工作簿，然后参照如图11-48所示的效果输入表格数据，并设置表格的格式。

(2) 选择B8单元格，输入公式内容【=B4+B5+B6】，如图11-49所示，然后按Enter键进行确定，计算出公式结果。

图11-48 创建表格数据

图11-49 输入公式

(3) 选择B9单元格，输入公式内容【=B3-B8】，如图11-50所示，然后按Enter键进行确定，计算出公式结果。

(4) 通过向右拖动B8和B9单元格的填充柄，对创建的公式进行复制，得到如图11-51所示的效果。

图11-50　输入公式

图11-51　复制公式

(5) 选中A2: E9单元格区域，然后单击【插入】选项卡，在【图表】选项组中单击【柱形图】下拉按钮，在弹出的下拉列表中选择【簇状柱形图】样式，如图11-52所示，即可插入柱形图效果，如图11-53所示。

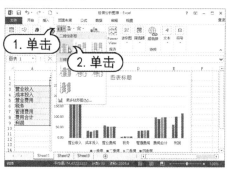

图11-52　选择图形样式

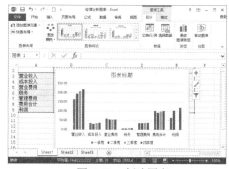

图11-53　创建图表

(6) 选中插入的图表，单击【图表标题】文本框，然后将其中的标题文字修改为【2014年经营状况】，如图11-54所示。

(7) 在绘图区位置右击，在弹出的快捷菜单中选择【设置绘图区格式】命令，如图11-55所示。

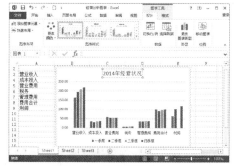

图11-54　修改标题文字

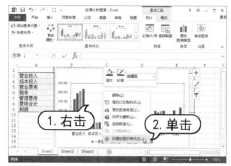

图11-55　选择命令

(8) 在打开的【设置绘图区格式】窗格中设置填充方式为【渐变填充】、填充类型为【线性】，如图11-56所示，对绘图区进行渐变填充后的效果如图11-57所示，完成实例的制作。

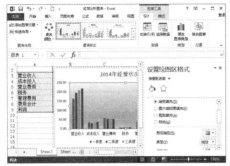

图11-56　设置绘图区填充颜色

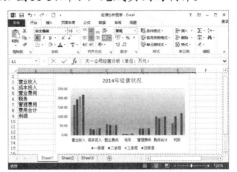

图11-57　填充后的图表效果

⑪5.2　制作工资透视图表

本实例将制作员工工资数据透视图表，分析员工的工资数据，主要对工资表中的数据按部门、工资水平进行汇总、筛选。

(1) 打开【员工工资表】工作簿，将其另存为【工资透视图表】。

(2) 选中单元格区域A2:H13，单击【插入】选项卡，在【表格】工具组中单击【数据透视表】按钮，如图11-58所示。

(3) 打开【创建数据透视表】对话框，选中【新工作表】单选按钮，然后单击【确定】按钮，如图11-59所示。

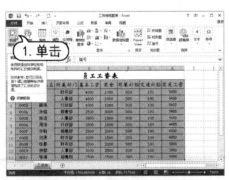

图11-58　单击【数据透视表】按钮

图11-59　【创建数据透视表】对话框

(4) 此时可以看到新创建的空数据透视表，将新创建的工作表名称修改为【透视表】，如图11-60所示。

(5) 在【数据透视表字段】窗格的列表框中选中【所属部门】、【员工姓名】、【基本工资】和【实发工资】字段。

(6) 在【选择要添加到报表的字段】列表框中将【所属部门】字段拖拽到【筛选器】列表

框中、将【基本工资】字段拖拽到【列】列表框中、将【员工姓名】拖拽到【行】列表框中、将【实发工资】字段拖拽到【数值】列表框中，如图11-61所示。

图11-60 修改工作表名称

图11-61 添加字段到报表中

(7) 单击【所属部门】右侧的下拉按钮，在弹出的下拉列表中选中【选择多项】和【销售部】复选框，然后单击【确定】按钮，如图11-62所示。此时在数据透视表将只显示销售部的工资状况，如图11-63所示。

图11-62 选择要筛选的部门

图11-63 筛选数据后的效果

(8) 重新筛选所有部门的数据，然后单击【设计】选项卡，在【数据透视表样式】列表框中选择【数据透视表样式中等深浅2】选项，如图11-64所示，应用所选样式后的数据透视表如图11-65所示。

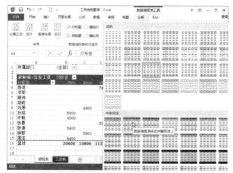

图11-64 选择数据透视表样式

图11-65 更改数据透视表样式

(9) 选中数据透视表中任意数据单元格，单击【分析】选项卡，在【工具】组中单击【数

计算机基础与实训教材系列

据透视图】按钮 ，如图11-66所示。

(10) 打开【插入图表】对话框，在左侧列表中选择【柱形图】选项，然后在右侧选择【簇状柱形图】选项，如图11-67所示。

图11-66　单击【数据透视图】按钮

图11-67　【插入图表】对话框

(11) 在【插入图表】对话框中单击【确定】按钮，即可在透视表所在的工作表中插入数据透视图，如图11-68所示。

(12) 新建一个工作表，将其重命名为【透视图】，选中插入的透视图，将其剪切并粘贴到【透视图】工作表中，如图11-69所示。

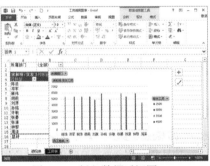

图11-68　插入数据透视图

图11-69　移动数据透视图

(13) 单击透视图中的【基本工资】下拉按钮，在弹出的下拉列表中只选中【3500】复选框，单击【确定】按钮，如图11-70所示，即可筛选出基本工资等于或大于3500元的员工，如图11-71所示。

图11-70　选择要筛选的工资

图11-71　按工资筛选后的结果

(14) 单击透视图中的【基本工资】下拉按钮，在弹出的下拉列表中选择【从"基本工资"

中清除筛选】选项，可以清除上一步所做的【基本工资】筛选。

(15) 单击透视图中的【所属部门】下拉按钮，在弹出的下拉列表中选中【选择多项】和【财务部】复选框，然后单击【确定】按钮，如图11-72所示，即可筛选出【财务部】所有员工的工资状况，效果如图11-73所示。

图11-72　选择要筛选的部门

图11-73　按部门筛选后的结果

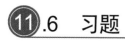

11.6　习题

1. 在Excel中，如何在工作表中插入与表格中数据相关的图表？

2. 在什么情况下，功能区中会增加【图表工具】选项卡？

3. 如何在图表中添加分析数据的趋势线？

4. 使用数据透视表有什么作用？

5. 数据透视图有什么特点？

6. 新建一个空白工作簿，参照如图11-74所示的效果，制作生活开支表和柱形图。

7. 参照如图11-75所示的效果，在第6题的基础上先制作生活开支数据透视表，然后制作生活开支数据透视图。

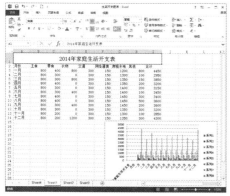

图11-74　制作生活开支图表

图11-75　制作生活开支透视图表

第12章

PowerPoint 基础操作

学习目标

PowerPoint是目前最流行的幻灯片演示软件之一，可以创作出集文字、图形、图像、声音以及视频剪辑等多媒体元素于一体的文稿。本章将讲述在幻灯片中添加文本、修饰演示文稿中的文字、设置文字的对齐方式和添加符号等基础操作。

本章重点

- ◉ 幻灯片的基本操作
- ◉ 输入演示文本
- ◉ 设置文本格式

12.1 PowerPoint 工作界面

PowerPoint 2013的工作界面主要由【文件】按钮、【快速访问】工具栏、标题栏、【窗口控制】按钮、功能区、编辑区、幻灯片浏览窗格、状态栏等组成，如图12-1所示。

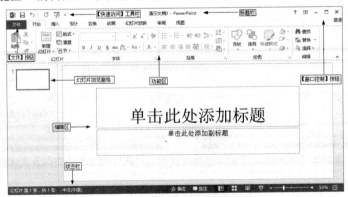

图12-1 PowerPoint 2013工作界面

- 【文件】按钮：单击该按钮，在打开的菜单中可以选择对演示文稿执行新建、保存、打印等操作。
- 【快速访问】工具栏：该工具栏中集成了多个常用的按钮，默认状态下包括【保存】、【撤消】、【恢复】按钮，用户也可以根据需要进行添加或更改。
- 标题栏：用于显示演示文稿的标题和类型。
- 【窗口控制】按钮：用于设置窗口的最大化、最小化或关闭操作。
- 功能区：在每个标签对应的选项卡下，功能区中收集了相应的命令，如【开始】选项卡的功能中收集了对字体、段落等内容设置的命令。
- 编辑区：在此可以输入和编辑幻灯片的内容。
- 幻灯片浏览窗格：显示幻灯片或幻灯片文本大纲的缩略图。
- 状态栏：显示当前的状态信息，如页数、字数及输入法等信息。

12.2　幻灯片的基本操作

在PowerPoint中，所有的文本、动画和图片等元素都需要在幻灯片中进行处理。因此，学习制作幻灯片演示文稿之前，首先要掌握创建、移动、复制幻灯片等基本操作。

12.2.1　新建演示文稿

在启动PowerPoint后，在启动界面中可以选择要创建的演示文稿类型。例如，选择【空白演示文稿】选项，如图12-2所示，将新建一个名为【演示文稿1】的演示文稿，其中自动包含一张幻灯片，如图12-3所示。

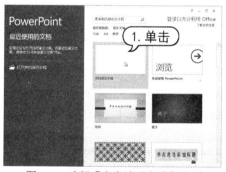
图12-2　选择【空白演示文稿】选项

图12-3　新建演示文稿

 提示

　　如果在已有演示文稿中新建演示文稿，可以单击【文件】按钮，在弹出的菜单中选择【新建】命令，在出现的窗格中选择【空白演示文稿】选项，或其他模版的演示文稿。

12.2.2　新建幻灯片

默认情况下创建的演示文稿，在其左侧自动生成一张幻灯片。但一个完整的演示文稿通常包含多张幻灯片，这就需要用户新建幻灯片。新建幻灯片有两种方法，一种是新建默认版式的幻灯片，另一种是新建不同版式的幻灯片。

【例12-1】在演示文稿中新建幻灯片。

(1) 启动PowerPoint应用程序，新建一个空白演示文稿。

(2) 在【幻灯片】浏览窗格中右击，然后在弹出的快捷菜单中选择【新建幻灯片】命令，如图12-4所示。

(3) 此时即可在演示文稿中插入一张【标题和内容】样式的幻灯片，如图12-5所示。

图12-4　选择【新建幻灯片】命令

图12-5　新建幻灯片后的效果

(4) 选中第2张幻灯片，切换到【开始】选项卡，在【幻灯片】组中单击【新建幻灯片】下拉按钮，在弹出的下拉列表中选择【两栏内容】选项，如图12-6所示。

(5) 此时即可看到在演示文稿中插入了一张【两栏内容】样式的幻灯片，如图12-7所示。

图12-6　选择新建的幻灯片

图12-7　新建幻灯片后的效果

12.2.3　复制和移动幻灯片

在演示文稿中，用户可以将具有较好版式的幻灯片复制到其他位置，也可以重新调整演示文稿中幻灯片的排列次序。

【例12-2】在演示文稿中复制和移动幻灯片。

(1) 启动PowerPoint应用程序，打开【《马说》课件】演示文稿。

(2) 在幻灯片缩略图上右击，然后在弹出的快捷菜单中选择【复制幻灯片】命令，如图12-8所示，即可在该幻灯片之后插入一张具有相同内容和版式的幻灯片，如图12-9所示。

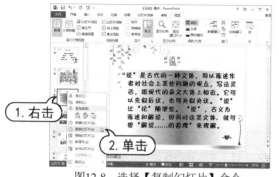

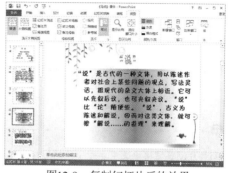

图12-8　选择【复制幻灯片】命令　　　　图12-9　复制幻灯片后的效果

(3) 在幻灯片浏览窗格选中需要移动的幻灯片缩略图，然后按住鼠标左键拖动幻灯片，如图12-10所示是拖动第4张幻灯片的效果。

(4) 将幻灯片拖动到合适的位置（如第6张幻灯片的后面），然后释放鼠标左键，即可完成幻灯片的移动操作，如图12-11所示。

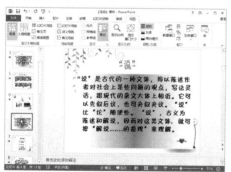

图12-10　拖动幻灯片缩略图　　　　　　图12-11　移动幻灯片后的效果

12.2.4　删除幻灯片

在编辑幻灯片的过程中，难免会出现作废的幻灯片，对于这类不需要的幻灯片，用户可以将其删除，以减小演示文稿文件大小。

【例12-3】删除演示文稿中的幻灯片。

(1) 打开【例12-2】制作的【《马说》课件】演示文稿。

(2) 在幻灯片浏览窗格中选中第6张幻灯片并右击，然后在弹出的快捷菜单中选择【删除幻灯片】命令，如图12-12所示。

(3) 此时即可看到选中的第6张幻灯片被删除掉了，如图12-13所示。

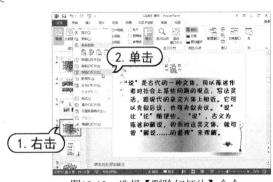

图12-12　选择【删除幻灯片】命令　　　　图12-13　删除幻灯片后的效果

提示

在幻灯片浏览窗格中选中要删除的幻灯片，然后按 Delete 键，也可以将该幻灯片删除。

12.3　幻灯片的视图方式

视图是PowerPoint文档在电脑屏幕中的显示方式。PowerPoint中有5种显示方式，分别是普通视图、大纲视图、幻灯片浏览视图、备注页视图和阅读视图。单击【视图】选项卡，在【演示文稿视图】组中单击视图选项，可以选择相应的视图方式，如图12-14所示。

12.3.1　普通视图

普通视图是创建或打开演示文稿后的默认视图方式，主要用于撰写或设计演示文稿。其中状态栏显示了当前演示文稿的总页数和当前显示的页数，通过单击垂直滚动条上的【上一张幻灯片】按钮▲和【下一张幻灯片】按钮▼，可以在幻灯片之间进行切换，如图12-15所示。

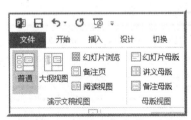

图12-14　选择视图方式　　　　　　　图12-15　普通视图

提示

在状态栏右方单击【普通视图】按钮，可以在普通视图和大纲视图之间进行切换。

12.3.2　大纲视图

大纲视图中的幻灯片浏览窗格中显示了演示文稿的大纲内容。在幻灯片浏览窗格中单击幻灯片大纲列表可以快速跳转到相应的幻灯片中，如图12-16所示。用户可以通过将大纲内容从Word程序中粘贴到幻灯片浏览窗格中，轻松地创建整个演示文稿。

12.3.3　幻灯片浏览视图

幻灯片浏览视图可以显示演示文稿中的所有幻灯片的缩图、完整的文本和图片，如图12-17所示。在该视图中，可以调整演示文稿的整体显示效果，也可以对演示文稿中的多个幻灯片进行调整，主要包括设置幻灯片的背景和配色方案、添加或删除幻灯片、复制幻灯片，以及排列幻灯片，但是在该视图中不能编辑幻灯片中的具体内容。

图12-16　大纲视图

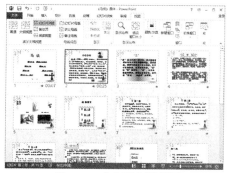
图12-17　幻灯片浏览视图

12.3.4　备注页视图

在备注页视图中，幻灯片窗格下方有一个备注窗格，用户可以在此为幻灯片添加需要的备注内容，如图12-18所示。在普通视图下备注窗格中只能添加文本内容，而在备注页视图中，用户可以在备注窗格中插入图片。

12.3.5　阅读视图

在阅读视图中所看到的演示文稿就是观众将看到的效果，其中包括在实际演示中图形、计时、影片、动画效果和切换效果的状态，如图12-19所示。在阅读视图中放映幻灯片时，用户可以对幻灯片的放映顺序、动画效果等进行检查，按Esc键可以退出幻灯片阅读视图。

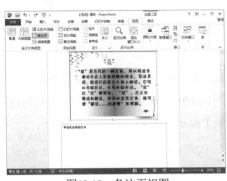

图12-18　备注页视图　　　　　　　　　　图12-19　幻灯片阅读视图

12.4　输入演示文本

无论是创建空白幻灯片，还是创建模板幻灯片，创建幻灯片后都要为幻灯片输入内容。其中，在幻灯片中可以通过两种方式输入文本：一是在占位符中输入文本，另一种是插入文本框并在其中输入文本。

12.4.1　使用占位符输入文本

占位符是PowerPoint中特有的元素，它是一种无边框的容器，用户可以将文本、图片、媒体等内容放置在占位符中。占位符可以自由移动，也可以对其设置效果，这与设置文本框、图形的方式类似。

【例12-4】在占位符中输入文本。

(1) 启动PowerPoint应用程序，新建一个空白演示文稿。

(2) 在标题占位符中单击，标题占位符将变为可编辑状态，如图12-20所示。

(3) 在标题占位符中输入标题文本，然后在【开始】选项卡中设置文本的字体、字形、字号和颜色，如图12-21所示。

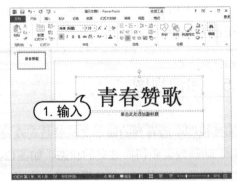

图12-20　在占位符中单击　　　　　　　　图12-21　输入标题文本

⑫4.2　使用文本框输入文本

在PowerPoint中使用文本框可以将文字置于任意位置，还可以对文字和文本框进行各种格式设置。

【例12-5】在幻灯片中绘制文本框并输入文本。

(1) 打开【例12-4】制作的演示文稿，新建一个幻灯片，然后删除其中的占位符。

(2) 选中新建的幻灯片，单击【插入】选项卡，在【文本】选项组中单击【文本框】下拉按钮，在弹出的下拉列表中选择【横排文本框】选项，如图12-22所示。

(3) 在幻灯片中按下鼠标左键，拖动鼠标绘制一个文本框，绘制完成后释放鼠标左键即可，如图12-23所示。

图12-22　选择【横排文本框】选项

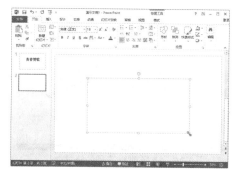
图12-23　绘制横排文本框

(4) 在文本框中输入文本内容，如图12-24所示。选中输入的文本，然后在【开始】选项卡中设置文本的字体格式，如图12-25所示

图12-24　输入文本内容

图12-25　设置字体格式

⑫.5　设置文本格式

在幻灯片中，用户不仅可以设置文字的格式，还可以对其进行其他设置，如设置项目符号、段落缩进和对齐、行距等。

12.5.1 设置项目符号和编号

在PowerPoint演示文稿中，由于幻灯片本身就是用于显示讲解的条目，因此为了更好地展示内容的层次性，通常会使用项目符号和编号展现文稿内容。

【例12-6】为选中的文本设置项目符号和编号。

(1) 启动PowerPoint应用程序，打开【心理讲座】演示文稿。

(2) 选中第2张幻灯片中的目录内容，切换到【开始】选项卡，在【段落】组中单击【项目符号】下拉按钮，在弹出的下拉列表中选择【箭头项目符号】选项，如图12-26所示。

(3) 此时即可为选中的文本添加上箭头项目符号，效果如图12-27所示。

图12-26 选择项目符号的样式　　　　　图12-27 添加项目符号

(4) 选中第6张幻灯片内容占位符中的文本，在【段落】组中单击【编号】下拉按钮，在弹出的下拉列表中选择【1.2.3.】样式的编号，如图12-28所示。

(5) 此时即可为选中的文本添加上编号，效果如图12-29所示。

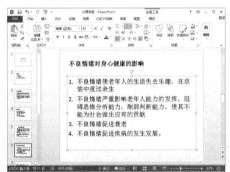

图12-28 选择编号样式　　　　　　图12-29 添加编号后的效果

12.5.2 设置段落对齐与缩进

在PowerPoint中，设置段落的对齐与缩进格式是设置占位符或文本框中文本的对齐与缩进。具体的操作方法如下。

【例12-7】为段落设置对齐方式和首行缩进。

(1) 打开【例12-6】制作的【心理讲座】演示文稿。

(2) 选中第3张幻灯片中的标题占位符，切换到【开始】选项卡，在【段落】组中单击【居中】按钮≡，即可将选中占位符中的文本居中对齐，如图12-30所示。

(3) 选中第5张幻灯片，切换到【视图】选项卡，在【显示】组中选中【标尺】复选框，显示标尺对象，如图12-31所示。

图12-30　单击【居中】按钮

图12-31　选中【标尺】复选框

(4) 选中第5张幻灯片内容占位符中的文本，向右拖动标尺最上方的【首行缩进】滑块，如图12-32所示，释放鼠标后，即可将每段首行文本进行缩进，效果如图12-33所示。

图12-32　拖动【首行缩进】滑块

图12-33　首行缩进后的效果

 提示-----

　　单击【段落】组右下角的【段落】按钮，在打开的【段落】对话框中单击【缩进和间距】选项卡，也可以进行缩进设置。

12.5.3　设置行距与段间距

在PowerPoint中，用户可以对段落文本的行距和段间距进行设置。段落的行距是指段落内行与行之间的距离，段间距包括段前间距和段后间距。段前间距是指当前段落与前一段落之间的距离，段后间距是指当前段落与后一段落之间的距离。

计算机 基础与实训教材系列

【例12-8】为选中的文本设置行距和段间距。

(1) 打开【例12-7】制作的【心理讲座】演示文稿。

(2) 选中第2张幻灯片文本框中的全部文本，切换到【开始】选项卡，在【段落】组中单击【行距】下拉按钮，在弹出的下拉列表中选择1.5倍行距选项，可以将文本框内的文本调整为1.5倍行距，如图12-34所示。

(3) 选中第6张幻灯片内容占位符中的全部文本并右击，在弹出的快捷菜单中选择【段落】命令，如图12-36所示。

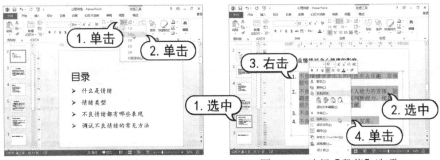

图12-34　选择行距　　　　　　　　　图12-35　选择【段落】选项

(4) 打开【段落】对话框，设置段前间距为【10磅】、段后间距为【8磅】，然后单击【确定】按钮，如图12-51所示。段落间距将发生相应变化，如图12-37所示。

图12-36　设置段间距　　　　　　　　图12-37　段间距效果

12.6 上机练习

本节上机练习将制作【教学课件】和【会议简报】幻灯片演示文稿，帮助读者进一步掌握PowerPoint的基本操作。

12.6.1 制作教学课件

使用教学课件可以帮助学生更好地融入课堂氛围，吸引学生关注课堂教学知识，帮助学生增进对教学知识的理解，从而更好地实现教学目的。

(1) 启动PowerPoint应用程序，新建一个演示文稿，并将其另存为【教学课件】。

(2) 选中第1张幻灯片，在标题占位符中输入标题文本，并将其字体设置为【华文新魏】、字号设置为80磅、字体颜色设置为【红色】，如图12-38所示。

(3) 在副标题占位符中输入作者的姓名，设置文字的字号为50磅，如图12-39所示。

图12-38　输入并设置标题文本

图12-39　输入副标题文本并设置格式

(4) 切换到【开始】选项卡，在【幻灯片】组中单击【新建幻灯片】下拉按钮，在弹出的下拉列表中选择【标题和内容】选项，如图12-40所示。

(5) 选中新建的幻灯片，在标题占位符中输入【作者简介】文本，并将其字体设置为【华文新魏】、字号设置为50磅、对齐方式为【居中】，如图12-41所示。

图12-40　选择【标题和内容】选项

图12-41　输入并设置标题文字

(6) 在内容占位符中输入作者简介的详细内容，并将其字体设置为【幼圆】、字号设置为36磅，如图12-42所示。

(7) 选中第2张幻灯片，切换到【开始】选项卡，在【幻灯片】组中单击【新建幻灯片】下拉按钮，在弹出的下拉列表中选择【空白】选项，如图12-43所示。

图12-42　输入并设置内容文字

图12-43　选择【空白】选项

(8) 选中第3张空白幻灯片，单击【插入】选项卡，在【文本】组中单击【文本框】下拉按钮，在弹出的下拉列表中选择【横排文本框】选项，如图12-44所示。

(9) 按住鼠标左键进行拖动，绘制一个横排文本框，然后在文本框中输入文字内容，选中后6行文本，添加半括号样式的编号，效果如图12-45所示。

图12-44　选择【横排文本框】选项　　　　图12-45　输入并设置文本

(10) 在第3张幻灯片下方新建一张空白演示文稿，并在其中绘制一个横排文本框，然后输入如图12-46所示的文本。

(11) 在第4张幻灯片下方新建一张【两栏内容】样式的新幻灯片，并在标题占位符中输入标题文本，将其字体设置为【华文新魏】、字号设置为50磅，如图12-47所。

图12-46　创建文本框和文本　　　　　图12-47　输入并设置标题文本

(12) 在标题占位符下方的两栏内容占位符中分别输入文本内容，并为文本中空白字符设置下划线，如图12-48所示。

(13) 切换到【视图】选项卡，单击【演示文稿视图】组中的【幻灯片浏览】按钮，浏览幻灯片效果，如图12-49所示，然后按Ctrl+S组合键保存制作完成的教学课件。

图12-48　输入两栏文本内容　　　　　图12-49　浏览幻灯片效果

12.6.2　制作会议简报

制作本例演示文稿时，首先通过模板新建一个演示文稿，然后在演示文稿中创建需要的幻灯片，然后在占位符和文本框中依次输入文本，并为文本设置格式。

(1) 启动PowerPoint应用程序，在出现的演示文稿模板中单击【离子（会议室）】选项，如图12-50所示。

(2) 在打开的面板中选择第一种模板样式，然后单击【创建】按钮，如图12-51所示。

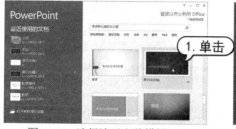
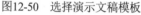

图12-50　选择演示文稿模板

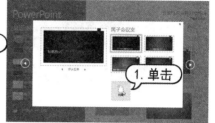

图12-51　单击【创建】按钮

(3) 创建所选的模板演示文稿后，将其另存为【会议简报】。

(4) 在幻灯片浏览窗格中右击，在弹出的菜单中选择【新建幻灯片】命令，如图12-52所示，新建一个【标题和内容】幻灯片，如图12-53所示。

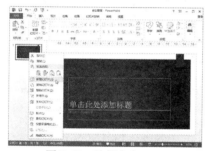

图12-52　选择命令

图12-53　新建幻灯片

(5) 使用上述操作，继续新建6张幻灯片，如图12-54所示。

(6) 选中第一张幻灯片，然后在标题占位符中输入标题文本，并设置其字体为【华文琥珀】、字号为100磅、颜色为【红色】、对齐方式为【居中】，如图12-55所示。

图12-54　继续创建6张幻灯片

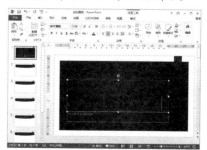

图12-55　输入并设置标题文本

(7) 在第1张幻灯片的副标题占位符中输入副标题文本，并将其字体设置为【楷体】、字号设置为48磅、对齐方式为【居中】，如图12-56所示。

(8) 选中第1张幻灯片中的标题占位符，然后将其向上适当拖动，调整标题占位符的位置，如图12-57所示。

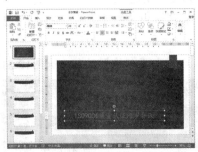
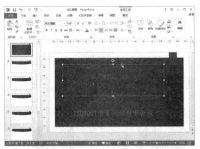

图12-56　设置副标题文本格式　　　　图12-57　调整标题占位符的位置

(9) 选中第2张幻灯片，分别在标题占位符和内容占位符中输入如图12-58所示的文本。

(10) 选中第2张幻灯片内容占位符中的文本，切换到【开始】选项卡，在【段落】组中单击【项目符号】下拉按钮，在弹出的下拉列表中选择钻石形项目符号，如图12-59所示。

图12-58　在占位符中输入文本　　　　图12-59　选择项目符号

(11) 在第3至第7张幻灯片的标题和内容占位符中依次输入相应的文本内容。

(12) 选中第5张幻灯片内容占位符中第2行以后的文本，切换到【开始】选项卡，在【段落】组中单击【编号】下拉按钮，然后选择【1.2.3.】样式的编号，如图12-60所示。

(13) 继续为第6张和第7张幻灯片内容占位符中的文本添加【1.2.3.】样式的编号。

(14) 选中第4张幻灯片内容占位符中的文本，切换到【开始】选项卡，在【段落】组中单击【行距】下拉按钮，在弹出的下拉列表中选择1.5选项，如图12-61所示。

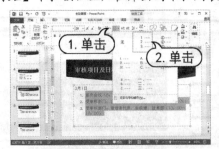

图12-60　选择编号样式　　　　图12-61　设置段落行距

(15) 选中最后一张幻灯片，选中标题占位符，按Delete键将其删除。

(16) 在最后一张幻灯片的内容占位符中输入文本【谢谢观看】，然后将其字体设置为【方正美黑简体】、字号设置为80磅、字体颜色设置为【紫色】，并将内容占位符移动到幻灯片正中，如图12-62所示。

(17) 切换到【视图】选项卡，单击【演示文稿视图】组中的【幻灯片浏览】按钮 ，浏览幻灯片效果，如图12-63所示，然后按Ctrl+S组合键保存制作完成的演示文稿。

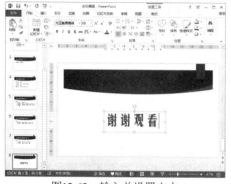

图12-62　输入并设置文本

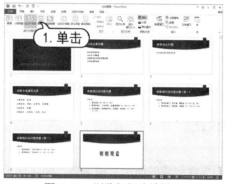

图12-63　浏览幻灯片效果

12.7　习题

1. 在PowerPoint中，演示文稿和幻灯片有什么关系？

2. 在幻灯片中，占位符的作用是什么？

3. 在幻灯片中，除了可以在占位符输入文本内容外，还可以通过哪种方式输入文本内容？

4. 在幻灯片中，如何对文本进行字体和段落设置？

5. 新建一个【天体】模板样式的演示文稿，将其另存为【产品上市说明】，然后在文稿的幻灯片中输入标题和副标题文本，并设置标题文字和副标题文字效果，如图12-64所示。

6. 在上一题的演示文稿中添加一张空白幻灯片，然后插入一个横排文本框和一个垂直文本框，并分别输入文字内容，如图12-65所示。

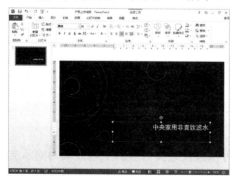

图12-64　输入并设置文字

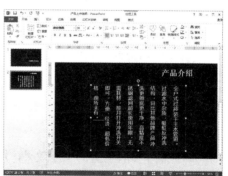

图12-65　插入文本框并输入文字

计算机基础与实训教材系列

第13章 幻灯片的美化编辑

学习目标

使用模板创建的演示文稿虽然已经包括了一些格式设置，但往往并不能满足用户的个性化要求，因此需要用户自己设置幻灯片中各个元素的格式，使用不同的主题样式、颜色、字体、背景等，以使幻灯片的效果更加专业、美观。

本章重点

- ⦿ 设置幻灯片的主题和背景
- ⦿ 应用幻灯片母版
- ⦿ 为幻灯片中插入图形图像
- ⦿ 为幻灯片插入影音对象
- ⦿ 为幻灯片插入表格和图表

13.1 设置幻灯片主题和背景

通过设置幻灯片的主题和背景，可以使幻灯片具有丰富的色彩和良好的视觉效果。下面介绍为幻灯片设置主题和背景效果的具体操作。

13.1.1 使用内置主题

PowerPoint提供了多种内置的主题效果，用户可以直接选择内置的主题效果为演示文稿设置统一的外观。如果对内置的主题效果不满意，还可以配合使用内置的其他主题颜色、主题字体、主题效果等。

【例13-1】为演示文稿设置内置主题。

(1) 启动PowerPoint应用程序，新建一个演示文稿并输入文稿内容，如图13-1所示。

(2) 单击【设计】选项卡，在【主题】下拉列表框中选择【地球仪】选项，可以看到演示文稿中的幻灯片都应用了所选择的主题效果，如图13-2所示。

图13-1　新建演示文稿

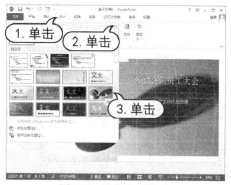

图13-2　选择主题样式

(3) 选中标题文字对象，然后单击【设计】选项卡，在【变体】组的下拉列表中选择【颜色】|【灰度】选项，可以修改变体(这里的变体为【标题文字】)的颜色，如图13-3所示。

(4) 选中标题文字对象，然后单击【设计】选项卡，在【变体】组中的下拉列表中选择【字体】|【黑体】选项，可以修改变体的字体为黑体，如图13-4所示。

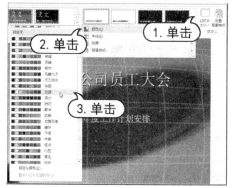

图13-3　设置变体的颜色

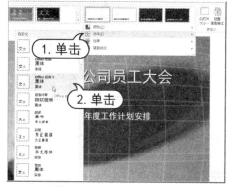

图13-4　设置变体的字体

13.1.2　设置幻灯片背景

通过PowerPoint提供的幻灯片背景效果，用户可以为幻灯片添加图案、纹理、图片或背景颜色等。设置幻灯片背景的方法如下。

【例13-2】为幻灯片设置背景效果。

(1) 打开【例13-1】制作的演示文稿。

(2) 选中幻灯片，然后单击【设计】选项卡，在【自定义】组中单击【设置背景格式】按

计算机 基础与实训教材系列

钮 ，如图13-5所示。

(3) 打开【设置背景格式】窗格，选中【渐变色填充】单选按钮，可以设置背景为渐变色，如图13-6所示。

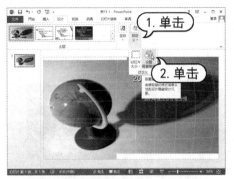

图13-5 单击【设置背景格式】按钮

图13-6 设置渐变色背景

(4) 在【设置背景格式】窗格中选中【图片或纹理填充】单选按钮，可以设置背景为图片或纹理效果，如图13-7所示。

(5) 在【设置背景格式】窗格中选中【图案填充】单选按钮，可以设置背景为图案效果，如图13-8所示。

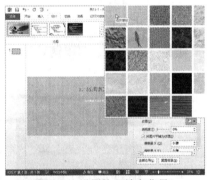

图13-7 设置纹理填充背景

图13-8 设置图案填充背景

 提示 ----------

　　选中并右击幻灯片，在弹出的快捷菜单中选择【设置背景格式】命令，也可以打开【设置背景格式】窗格进行幻灯片背景设置。在【设置背景格式】对话框中单击【全部应用】按钮，可以将设置的背景应用到所有的幻灯片中。

13.2 应用幻灯片母版

　　为了在制作演示文稿时可快速生成相同样式的幻灯片，从而提高工作效率，减少重复输入和设置，可以使用PowerPoint的幻灯片母版功能。具有同一背景、标志、标题文本及主要文字格式的幻灯片母版，可以将其模板信息运用到演示文稿的每张幻灯片中。

13.2.1　幻灯片母版概述

PowerPoint中的母版类型有3种，分别是幻灯片母版、讲义母版、备注母版，它们的作用和视图都不相同。

1. 幻灯片母版

幻灯片母版是制作幻灯片的模板载体，使用它可以为幻灯片设计不同的版式。经过幻灯片母版设计后的幻灯片样式将在【新建幻灯片】下拉列表框中显示出来，这样就可直接调用这种幻灯片样式了。

单击【视图】选项卡，在【母版视图】组中单击【幻灯片母版】按钮，便可进入幻灯片母版视图，如图13-9所示。

2. 讲义母版

打开讲义母版视图，可以在其中更改打印设计和版式，如更改打印之前的页面设置和改变幻灯片的方向；定义在讲义母版中显示的幻灯片数量；设置页眉、页脚、日期和页码；编辑主题和设置背景样式。

单击【视图】选项卡，在【母版视图】组中单击【讲义母版】按钮可进入讲义母版视图，如图13-10所示。

3. 备注母版

若在查看幻灯片内容时需要将幻灯片和备注显示在同一页面中，就可以在备注母版视图中进行查看。单击【视图】选项卡，在【母版视图】组中单击【备注母版】按钮，便可进入备注母版视图，如图13-11所示。

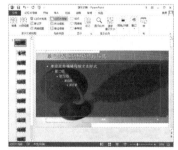
图13-9　幻灯片母版视图

图13-10　讲义母版视图

图13-11　备注母版视图

13.2.2　编辑幻灯片母版

对母版进行编辑后，将影响所有使用该母版的幻灯片，因此，只有需要设置一些使用该幻灯片所共有的元素和样式时，才适宜修改母版。

【例13-3】插入并编辑幻灯片母版。

(1) 启动PowerPoint 应用程序，打开【电子商务】演示文稿。

(2) 单击【视图】选项卡，然后在【母版视图】组中单击【幻灯片母版】按钮，如图13-12所示。

(3) 在添加的【幻灯片母版】选项卡中，单击【编辑母版】组中的【插入幻灯片母版】按钮，为当前演示文稿添加新的母版，如图13-13所示。

图13-12　单击【幻灯片母版】按钮

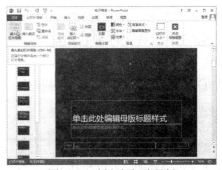
图13-13　插入幻灯片母版

(4) 此时将在当前母版下方添加新的母版，用户可以对新添加的母版进行修改。单击【插入版式】按钮，如图13-14所示，在当前母版中插入新的版式，如图13-15所示。

图13-14　单击【插入版式】按钮

图13-15　插入新的版式

(5) 单击【插入占位符】按钮，在弹出的下拉列表中选择【内容(竖体)】选项，如图13-16所示。然后在幻灯片中拖动鼠标绘制占位符区域，如图13-17所示。

图13-16　插入占位符

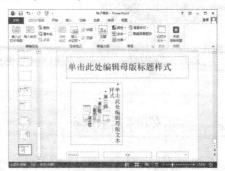
图13-17　绘制占位符

(6) 单击【幻灯片母版】选项卡，在【关闭】组中单击【关闭母版视图】按钮，关闭母版视图。

(7) 用户可以将母版中的版式应用于某一张幻灯片。例如选中要应用版式的第3张幻灯片缩略图并右击，在弹出的快捷菜单中选择【版式】|【仅标题】命令，如图13-18所示。

(8) 此时可以看到选中的幻灯片会应用上指定的版式，如图13-19所示。

图13-18 选择要应用母版的版式

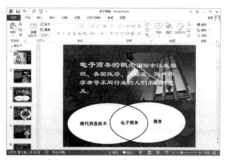
图13-19 应用选中版式的效果

13.3 为幻灯片插入图形图像

在幻灯片中插入图形图像，可以使幻灯片图文并茂，增强幻灯片要表达的内容。在PowerPoint中，不仅可以插入图片，还可以插入剪贴画和SmartArt图形。

13.3.1 在幻灯片中插入图片

在幻灯片中插入图片可以增强幻灯片的美观和表现力。PowerPoint支持多种图片格式，插入图片的操作方法如下。

【例13-4】在幻灯片中插入并设置图片。

(1) 新建一个空白演示文稿，然后输入标题文字，如图13-20所示。

(2) 单击【插入】选项卡，在【图像】组中单击【图片】按钮，打开【插入图片】对话框，选择【销售培训封面背景】图片，单击【插入】按钮，如图13-21所示。

图13-20 单击【图片】按钮

图13-21 选择要插入的图片

(3) 插入图片后，拖动图片四周的控制点，重新调整图片的大小，如图13-22所示。

(4) 选中图片并右击，在弹出的快捷菜单中选择【置于底层】|【置于底层】命令，如图13-23所示，可以将图片覆盖住的标题文字显示出来。

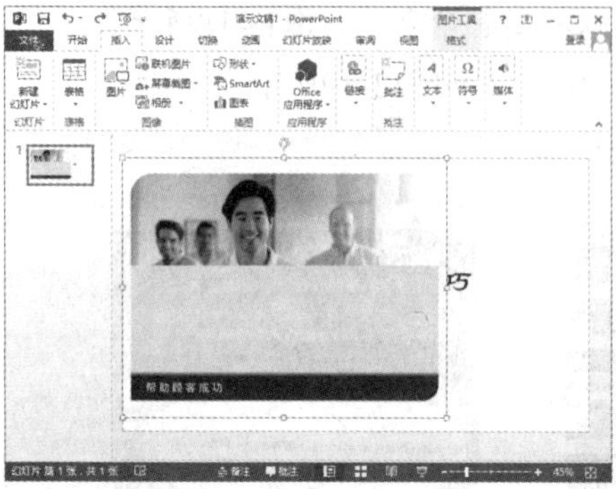

图13-22　调整图片的大小

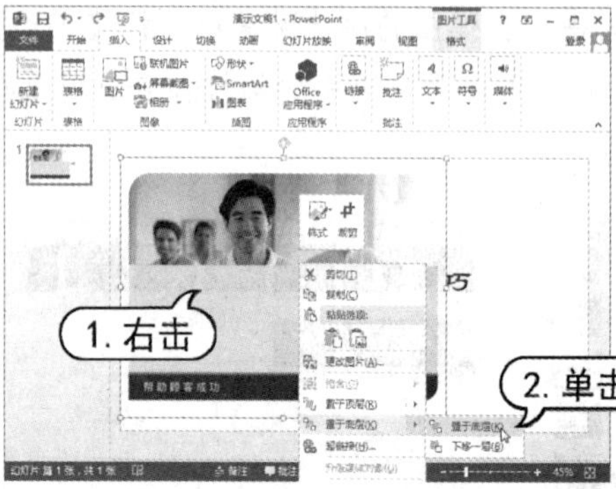

图13-23　将图片置于底层

(5) 单击【格式】选项卡，在【调整】组中单击【艺术效果】下拉按钮，可以在弹出的下拉列表中选择一种效果，如图13-24所示，应用艺术效果后的幻灯片如图13-25所示。

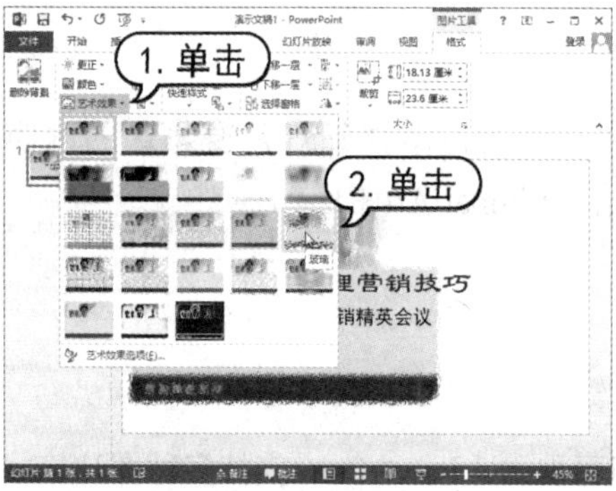

图13-24　设置效果

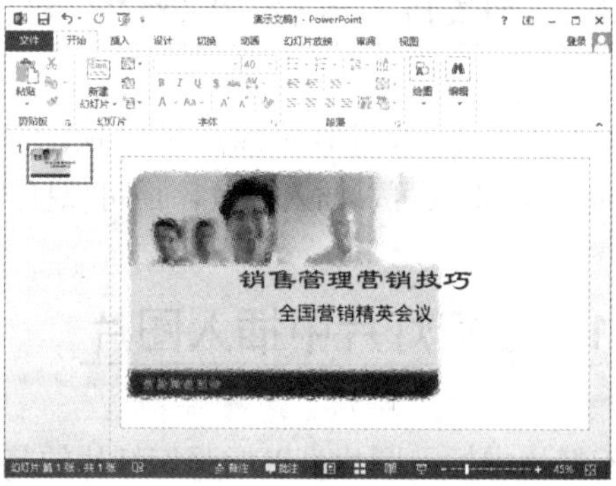

图13-25　应用艺术效果

13.3.2　绘制自选图形

在PowerPoint中除了可以插入图片外，还可以绘制自选图形，PowerPoint提供了许多几何图形供用户选择。

【例13-5】在幻灯片中绘制并设置自选图形。

(1) 启动PowerPoint应用程序，新建一个空白演示文稿，并删除占位符。

(2) 单击【插入】选项卡，在【插图】组中单击【形状】下拉按钮，在弹出的下拉列表中选择【圆角矩形】选项，如图13-26所示。

(3) 在幻灯片中拖动鼠标，绘制一个圆角矩形，如图13-27所示。

(4) 选中绘制的矩形，单击【格式】选项卡，在【形状样式】组中单击【形状效果】下拉按钮，在弹出的下拉列表中选择【映像】|【半映像，接触】选项，如图13-28所示。

(5) 选中矩形并右击，在弹出的快捷菜单中选择【编辑文字】命令，如图13-29所示。

图13-26 选择【圆角矩形】选项

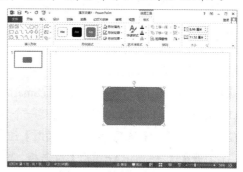

图13-27 绘制圆角矩形

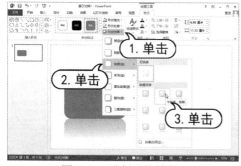

图13-28 选择形状效果

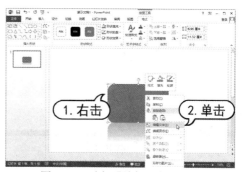

图13-29 选择【编辑文字】选项

(6) 在矩形内输入文字内容，并设置文字的字体和大小，如图13-30所示。

(7) 单击【插入】选项卡，在【插图】组中单击【形状】下拉按钮，在弹出的下拉列表中选择【下箭头】选项，在矩形下方绘制一个下箭头图形，如图13-31所示。

图13-30 输入并设置文字

图13-31 绘制下箭头图形

提示

要组合图形、图片或艺术字等对象，在选择要组合的对象后，按 Ctrl+G 组合键即可；要取消某个组的组合，可以在选择该组后按 Ctrl+Shift+G 组合键。

13.3.3 插入 SmartArt 图形

在幻灯片中用户可根据需要插入各种类型的SmartArt图形，虽然这些SmartArt图形的样式有所区别，但其操作方法相似。

【例13-6】在幻灯片中插入并设置SmartArt图形。

(1) 启动PowerPoint应用程序，新建一个空白演示文稿，并删除占位符。

(2) 单击【插入】选项卡，在【插图】组中单击【SmartArt】按钮，如图13-32所示。

(3) 打开【选择SmartArt图形】对话框，单击【列表】选项卡，在右侧选择【垂直图片列表】选项，如图13-33所示。

| 图13-32　单击【SmartArt】按钮 | 图13-33　选择SmartArt图形 |

(4) 单击【确定】按钮，即可在当前张幻灯片中插入垂直图片列表样式的SmartArt图形，如图13-34所示。

(5) 在弹出的【在此处键入文字】窗格中依次输入每条形状的文本，可以看到输入的文本会同步显示在SmartArt图形中，如图13-35所示。

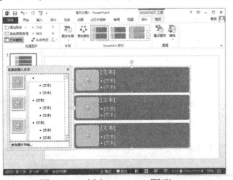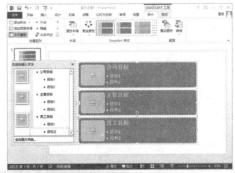

| 图13-34　插入SmartArt图形 | 图13-35　在文本窗格中输入文本 |

(6) 选中SmartArt图形，单击【设计】选项卡，在【SmartArt样式】组中单击样式下拉按钮，在弹出的下拉列表中选择【三维】|【优雅】选项，如图13-36所示，对SmartArt图形应用样式后的效果如图13-37所示。

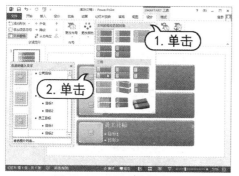

图13-36　选择形状样式

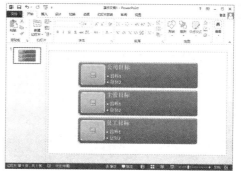

图13-37　应用样式后的效果

13.4　为幻灯片插入影音对象

使用PowerPoint不仅可以制作普通的文字、图形类演示文稿，还可以加入声音、影片等多媒体元素，使演示文稿更加有声有色，增强幻灯片的表现力。

13.4.1　插入声音文件

在PowerPoint中可以将文件里的声音或音乐添加到幻灯片中，在放映幻灯片的时候即可听到声音，操作方法如下。

【例13-7】在幻灯片中插入声音并设置声音属性。

(1) 启动PowerPoint应用程序，打开【宣传手册】演示文稿。

(2) 选中第1张幻灯片，单击【插入】选项卡，在【媒体】组中单击【音频】下拉按钮，在弹出的下拉列表中选择【PC上的音频】选项，如图13-38所示。

(3) 打开【插入音频】对话框，选择【琵琶】音频，单击【插入】按钮，如图13-39所示。

图13-38　选择【PC上的音频】选项　　　　　图13-39　选择要插入的音频文件

(4) 此时可以看到幻灯片中多出一个小喇叭的图标，选中图标会显示播放控制条，如图13-40所示。

(5) 选中小喇叭图标，单击【播放】选项卡，在【编辑】组中的【淡入】和【淡出】文本框中输入数值00.50(即0.5秒)，如图13-41所示。

图13-40　插入音频后的效果

图13-41　设置淡化持续时间

(6) 在【音频选项】组中单击【音量】下拉按钮，在弹出的下拉列表中可以设置声音的大小，例如选择【中】选项，如图13-42所示。

(7) 选中【放映时隐藏】和【循环播放，直到停止】复选框，在【开始】下拉列表中选择【自动】选项，然后单击控制条上的【播放】按钮▶播放音频，如图13-43所示。

计算机 基础与实训教材系列

图13-42　设置音量大小

图13-43　设置音频选项

 知识点

　　双击声音图标可以听到该声音的效果，如果用户需要删除该声音，可以在选中该声音图标后，按 Delete 键将其删除。如果添加了多个声音，则会层叠在一起，并按照添加顺序依次播放。

⑬.4.2　录制旁白

　　除了可以在幻灯片中插入文件中的声音外，用户还可以自己录制与演示文稿相关的声音，操作方法如下。

【例13-8】为幻灯片录制旁白并裁剪旁白。

(1) 启动PowerPoint应用程序，打开【宣传手册】演示文稿。

(2) 选中第1张幻灯片，单击【插入】选项卡，单击【媒体】组中的【音频】下拉按钮，在弹出的下拉列表中选择【录制音频】选项，如图13-44所示。

(3) 打开【录制声音】对话框，输入录制的音频名称，然后单击【录音】按钮 开始录制声音，如图13-45所示。

图13-44　选择【录制音频】选项

图13-45　【录制声音】对话框

(4) 录制好声音内容后，单击【停止】按钮 停止录音，然后单击【确定】按钮结束录制，即可在幻灯片中插入录制的声音，如图13-46所示。

(5) 单击【播放】选项卡，设置录制声音的淡入淡出时间和声音的大小，如图13-47所示。

图13-46　插入录制的声音

图13-47　设置声音属性

13.4.3　插入影片文件

在幻灯片中不仅可以插入图像对象，还可以插入影片对象。插入影片后，用户可以根据需要设置影响的播放属性。

【例13-9】在幻灯片中插入影片并设置影片。

(1) 启动PowerPoint应用程序，打开【宣传手册】演示文稿。

(2) 选中需要插入影片的幻灯片，单击【插入】选项卡，在【媒体】组中单击【视频】下拉按钮，在弹出的下拉列表中选择【PC上的视频】选项，如图13-48所示。

(3) 打开【插入视频文件】对话框，选择【宣传视频】视频文件，然后单击【插入】按钮，如图13-49所示。

图13-48　选择【PC上的视频】选项

图13-49　选择要插入的视频文件

(4) 此时即可在幻灯片中插入选择的视频对象，如图13-50所示。拖动视频四周的控制点可以调整视频的尺寸大小，如图13-51所示。

图13-50　插入视频后的效果

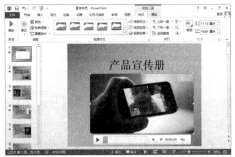

图13-51　调整视频的尺寸

(5) 选中视频文件，单击【格式】选项卡，在【调整】组中单击【更正】下拉按钮，在弹出的下拉列表中选择【亮度:+20% 对比度:0%(正常)】选项，如图13-52所示。

(6) 此时可以看到为选中视频调整亮度和对比度后的效果，如图13-53所示。

图13-52　设置亮度和对比度

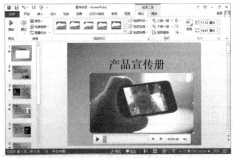

图13-53　调整亮度和对比度后的效果

(7) 保持视频文件的选中状态，单击【播放】选项卡，在【编辑】组中单击【剪辑视频】按钮，如图13-54所示。

(8) 打开【剪辑视频】对话框，拖动开始滑块和结束滑块设置剪裁的范围，然后单击【确定】按钮即可完成视频的剪裁，如图13-55所示。

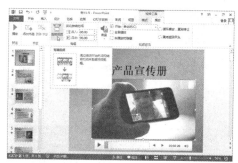

图13-54　单击【剪辑视频】按钮　　　　　图13-55　【剪辑视频】对话框

13.5 为幻灯片插入表格和图表

在PowerPoint中，可以通过制作表格和图表类型的幻灯片，以便条理清晰地表达幻灯片中的各种数据。

13.5.1 插入表格

如果需要在演示文稿中添加有规律的数据，可以使用表格来完成。在幻灯片中插入表格的操作方法如下。

【例13-10】在幻灯片中插入并设置表格。

(1) 启动PowerPoint应用程序，打开【产品销售情况】演示文稿。

(2) 选中第2张幻灯片，单击【插入】选项卡，在【表格】组中单击【表格】下拉按钮，在弹出的下拉列表中选择4列5行的表格范围，如图13-56所示。

(3) 在幻灯片中插入表格后，拖动表格调整其位置，如图13-57所示。

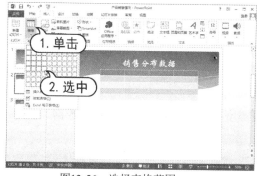

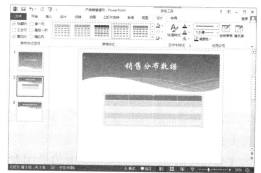

图13-56　选择表格范围　　　　　　　　　图13-57　调整表格位置

(4) 在表格中依次输入项目标题和相应的文本，然后在【开始】选项卡的【字体】组中设置各个文本的字体格式，如图13-58所示。

(5) 选中表格中的全部文本，单击【布局】选项卡，在【对齐方式】组中分别单击【居中】

按钮 ≣ 和【垂直居中】按钮 ⊟，对表格内的文本进行水平和垂直居中对齐，如图13-59所示。

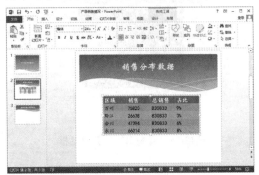
图13-58 输入并设置文本

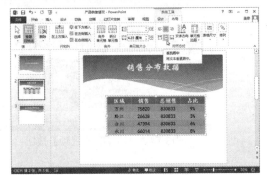
图13-59 设置文本居中对齐

（6）选中整个表格，单击【设计】选项卡，在【表格样式】下拉列表中选择【主题样式1-强调5】选项，如图13-60所示，对选中表格设置样式后的效果如图13-61所示。

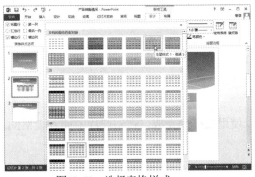
图13-60 选择表格样式

图13-61 设置表格样式后的效果

 知识点

在 PowerPoint 中的表格也可以精确调整单元格大小。选中要调整的单元格，单击【布局】选项卡，在【单元格大小】组中输入宽度和高度即可。

13.5.2 插入图表

图表是数据的图形化表示方式，采用合适的图表类型来显示数据将有助于理解数据。在幻灯片中插入图表的操作方法如下。

【例13-11】在幻灯片中插入并设置图表。

（1）打开【例13-10】制作的【产品销售情况】演示文稿。

（2）选中第3张幻灯片，单击【插入】选项卡，在【插图】组中单击【图表】按钮，如图13-62所示。

（3）打开【插入图表】对话框，单击【饼图】选项卡，在右侧选择【三维饼图】选项，单击【确定】按钮，如图13-63所示。

图13-62 单击【图表】按钮

图13-63 选择图表样式

(4) 此时将弹出图表数据编辑工作簿，删除工作表中默认的数据，如图13-64所示。

(5) 返回到演示文稿中，选中第2张幻灯片表格中前两列中的全部文本数据并右击，在弹出的快捷菜单中选择【复制】选项，如图13-65所示。

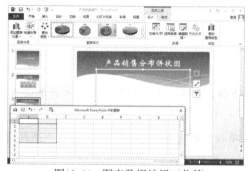

图13-64 图表数据编辑工作簿

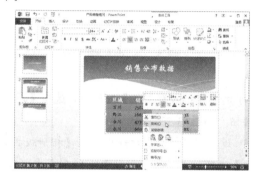

图13-65 复制数据

(6) 返回到图表数据编辑工作簿中，选中第一个单元格并右击，在弹出的快捷菜单中选择【粘贴】命令，将复制的数据粘贴到表格中，如图13-66所示。

(7) 选中第3张幻灯片，关闭图表数据编辑工作簿，即可看到插入的饼形图表，拖动图表四周的控制点调整图表的大小，如图13-67所示。

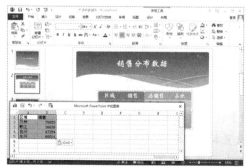

图13-66 粘贴数据

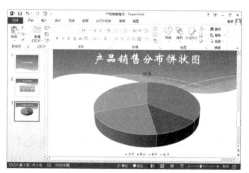

图13-67 插入的饼形图表

计算机 基础与实训教材系列

13.6 上机练习

下面将介绍使用PowerPoint提供的相册功能来制作公司产品的宣传册。通过本例的练习，帮助读者进一步加深对本章知识的掌握。

(1) 启动PowerPoint应用程序，新建一个空白演示文稿。

(2) 单击【插入】选项卡，在【图像】组中单击【相册】按钮，如图13-68所示。

(3) 在打开的【相册】对话框中单击【文件/磁盘】按钮，如图13-69所示。

图13-68 单击【相册】按钮

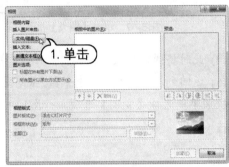

图13-69 【相册】对话框

(4) 打开【插入新图片】对话框，选中【产品宣传册】文件夹下的14张图片，然后单击【插入】按钮，如图13-70所示。

(5) 返回到【相册】对话框，在【相册版式】选项栏下的【图片版式】下拉列表中选择【2张图片】选项，在【相框形状】下拉列表中选择【居中矩形阴影】选项，然后单击【创建】按钮，如图13-71所示。

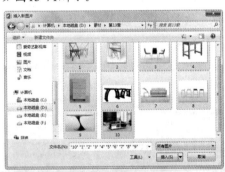

图13-70 选择要插入的图片

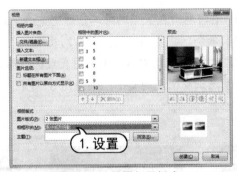

图13-71 设置相册版式

(6) 将创建的相册演示文稿另存为【产品宣传册】，然后选中第1张幻灯片，删除标题占位符中默认的文本，重新输入标题和副标题文本，并设置其字体和对齐方式，如图13-72所示。

(7) 选中第5张幻灯片，通过拖动其中的图片，重新调整两张图片的位置，将一张图片放置在幻灯片的左上角，另一张图片放置在幻灯片的右下角，如图13-73所示。

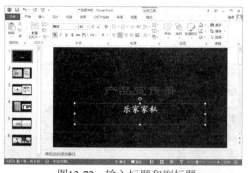

图13-72　输入标题和副标题

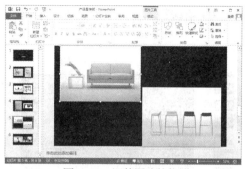

图13-73　调整图片的位置

(8) 选中第3张幻灯片中的两张图片，单击【格式】选项卡，在【图片样式】组中单击【快速样式】下拉按钮，在弹出的下拉列表中选择【映像右透视】选项，如图13-74所示，设置样式后的效果如图13-75所示。

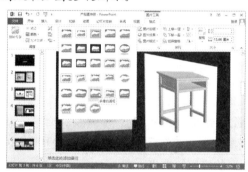

图13-74　选择图片样式

图13-75　图片样式效果

(9) 选中第6张幻灯片中的两张图片，单击【格式】选项卡，在【调整】组中单击【颜色】下拉按钮，在弹出的下拉列表中选择【蓝色，着色5浅色】选项，如图13-76所示，设置图片颜色后的效果如图13-77所示。

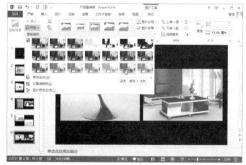

图13-76　选择图片颜色

图13-77　图片着色效果

(10) 新建一个【仅标题】的幻灯片，然后在标题占位符中输入【谢谢观看】文本，并设置文本的字体格式，如图13-78所示。

(11) 切换到【视图】选项卡，在【演示文稿视图】组中单击【幻灯片浏览】按钮，对演示文稿中的幻灯片效果进行浏览，如图13-79所示。

计算机 基础与实训教材系列

(12) 按Ctrl+S组合键对演示文稿进行保存，完成本例的制作。

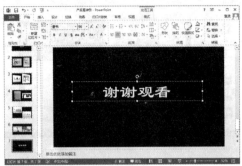
图13-78　创建新的幻灯片

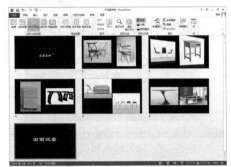
图13-79　浏览幻灯片效果

13.7　习题

1. PowerPoint中有哪几种母版样式?

2. 在PowerPoint中可以加入哪些多媒体元素?

3. 在PowerPoint中如何插入并编辑图表?

4. 新建一个空白演示文稿，然后添加图片和声音等素材。

5. 制作如图13-80所示的【工作报告】演示文稿，在制作该演示文稿时，需要设置主题效果，并使用自选图形的绘制和组合，以及SmartArt图形的应用等知识。

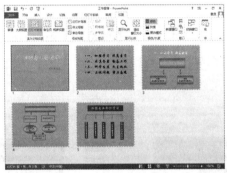
图13-80　【工作报告】演示文稿

计算机 基础与实训教材系列

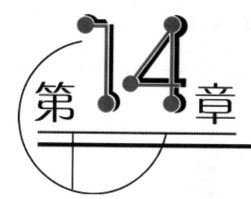

第14章

设置幻灯片动画

学习目标

为了使幻灯片演示文稿显得更富有活力，更具吸引力，用户可以为幻灯片添加动画效果，以便在添加幻灯片趣味性和可视性的基础上加强其视觉效果和专业性。本章将讲解为幻灯片添加动画的具体操作。

本章重点

- ◉ 预定义动画效果
- ◉ 设置动画效果
- ◉ 幻灯片的切换效果

14.1 预定义动画效果

创建好幻灯片的内容后，用户可以为各对象依次设置动画效果。如果对设置动画的方法不了解，可以使用预定义动画功能设置幻灯片的动画效果。

14.1.1 设置进入效果

幻灯片对象的进入效果是指设置幻灯片放映过程中对象进入放映界面时的效果，具体的设置方法如下。

【例14-1】对选中对象设置进入动画效果。

(1) 启动PowerPoint应用程序，打开【宣传册】演示文稿。

(2) 选中第1张幻灯片中的图片，单击【动画】选项卡，在【高级动画】组中单击【添加动画】下拉按钮，然后从弹出的下拉列表选择【进入】选项区域中的【飞入】选项，如图14-1所示。

（3）为图片添加了【飞入】动画效果后，在【动画】组中单击【效果选项】下拉按钮，在弹出的下拉列表中选择【自底部】选项，设置动画从左侧飞入到幻灯片中，如图14-2所示。

（4）在【计时】组中的【持续时间】数值框中输入01.00，表示动画持续时间为1秒。

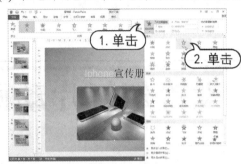
图14-1　选择进入效果

图14-2　设置效果选项

提示

单击【动画】选项卡，在【高级动画】组中单击【添加动画】下拉按钮，在弹出的下拉列表中选择【更多进入效果】选项，可以在打开的【添加进入效果】对话框设置更多的动画效果。

⑭.1.2　设置强调效果

为对象设置强调效果，可以增加幻灯片对象的表现力，其具体的设置方法如下。

【例14-2】对选中对象设置进入动画效果。

（1）打开【例14-1】制作的【宣传册】演示文稿。

（2）选中第3张幻灯片中的内容占位符，切换到【动画】选项卡，在【高级动画】组中单击【添加动画】下拉按钮，然后选择【强调】选项区域的【彩色脉冲】选项，如图14-3所示。

（3）在【动画】组中单击【效果选项】下拉按钮，在弹出的下拉列表中选择【按段落】选项，表示按段落进行动画强调，如图14-4所示。

图14-3　添加强调效果

图14-4　设置效果选项

⑭.1.3 设置退出效果

对象的退出效果是指设置幻灯片放映过程中对象退出放映界面时的效果，具体的设置方法如下。

【例14-3】对选中对象设置退出动画效果。

(1) 打开【例14-2】制作的【宣传册】演示文稿。

(2) 选中第7张幻灯片中的内容占位符，单击【动画】选项卡，在【高级动画】组中单击【添加动画】下拉按钮，然后选择【退出】选项区中的【擦除】选项，如图14-5所示。

(3) 在【动画】组中单击【效果选项】下拉按钮，在弹出的下拉列表中选择【自顶部】选项，如图14-6所示。

图14-5 选择退出效果

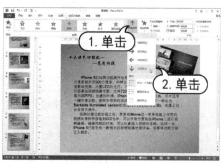
图14-6 设置效果选项

 提示 ----------------

在演示文稿中，用户可以对幻灯片中的一个对象反复设置动画效果，为其添加多种不同的动画效果。

⑭.2 设置动画效果

在演示文稿中，除了可以设置幻灯片的进入、退出和强调动画效果外，用户还可以根据需要对动画效果进行设置。

⑭.2.1 应用动作路径

动作路径动画是幻灯片自定义动画的一种表现方式，选择某种路径动画效果后，对象将沿指定的路径进行运动。

【例14-4】将选中的对象设置为沿路径进行运动。

(1) 打开【例14-3】制作的【宣传册】演示文稿。

（2）选中第3张幻灯片中的图片对象，切换到【动画】选项卡，在【高级动画】组中单击【添加动画】下拉按钮，然后选择【其他动作路径】选项，如图14-7所示。

（3）在幻灯片中会显示动画的动作路径，拖动动作路径四周的控制点可以对动作路径进行调整。在【动画】组中单击【效果选项】下拉按钮，在弹出的下拉列表中选择【反复循环】选项。

（4）打开【添加动作路径】对话框，选择【直线和曲线】选项栏中的【S形曲线1】选项，然后单击【确定】按钮，如图14-8所示。

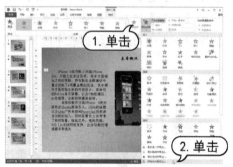

图14-7 选择【其他动作路径】选项

图14-8 选择动作路径

（5）此时可以看到在幻灯片中添加了S曲线的动作路径，在【动画】组中单击【效果选项】下拉按钮，在弹出的下拉列表中选择【编辑顶点】选项，如图14-9所示。

（6）拖动路径的顶点，可以调整路径的曲线形状，如图14-10所示。

图14-9 选择【编辑顶点】选项

图14-10 调整路径顶点

14.2.2 重新排序动画

在一张幻灯片中设置了多个动画后，用户还可以根据需要重新调整各个动画出现的顺序，具体的操作方法如下。

【例14-5】调整幻灯片中的动画顺序。

（1）打开【例14-4】制作的【宣传册】演示文稿。

（2）选中第3张幻灯片，切换到【动画】选项卡，单击【高级动画】组中的【动画窗格】按钮，打开动画窗格，如图14-11所示。

(3) 在动画窗格中选中动画列表框中的第二个动画选项，然后在【计时】组中单击【向前移动】按钮▲，即可将选中的动画向前移动一位，调整动画之间的顺序，如图14-12所示。

图14-11 打开动画窗格

图14-12 调整动画顺序

14.2.3 修改和删除动画

如果用户对已经设置好的动画效果不满意，可以重新设置动画效果，也可以将创建的动画效果删除。

【例14-6】修改和删除已设置的动画效果。

(1) 打开【例14-5】制作的【宣传册】演示文稿。

(2) 选中第3张幻灯片中的内容占位符，在【动画】组中单击【动画样式】下拉按钮，然后在弹出的下拉列表中选择【进入】选项区域中的【随机线条】选项，如图14-13所示。

(3) 在【动画】组中单击【效果选项】下拉按钮，在弹出的下拉列表中选择【垂直】选项，如图14-14所示，即可将原来的动画效果修改为垂直方式的随机线条动画效果。

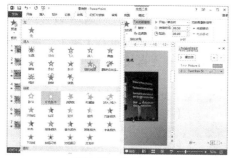
图14-13 选择进入效果

图14-14 显示动画窗格

(4) 在动画窗格中单击图片的动画(这里为第1个动画)选项右方的下拉按钮▼，然后在弹出的下拉列表中选择【删除】选项，如图14-15所示，即可将选中的动画从动画列表中删除，另一个动画编号自动变为编号1，如图14-16所示。

💡 **提示**

如果要同时删除多个动画效果，可以通过按住Ctrl键选择多个动画，然后进行删除即可。

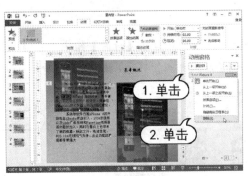

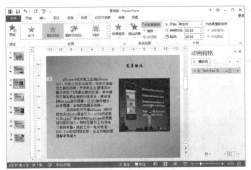

图14-15　删除动画　　　　　　　　　图14-16　删除动画后的效果

14.3　幻灯片的切换效果

幻灯片的切换效果是指从前面一张幻灯片转到后一张幻灯片时呈现的动画效果，也就是两张连续的幻灯片之间的过渡效果。

14.3.1　添加切换效果

为方便设置幻灯片切换效果，PowerPoint为幻灯片切换提供了多种预设的方案，添加切换效果的具体操作方法如下。

【例14-7】对选中对象设置进入动画效果。

(1) 打开【例14-6】制作的【宣传册】演示文稿。

(2) 选中第1张幻灯片，切换到【切换】选项卡，在【切换到此幻灯片】组中单击【切换方案】下拉按钮，然后选择【华丽型】选项区域中的【页面卷曲】选项，如图14-17所示。

(3) 为第1张幻灯片添加页面卷曲的切换效果后，在【切换到此幻灯片】组中单击【效果选项】下拉按钮，然后选择【单左】选项，可以设置动画从右至左卷曲，如图14-18所示。

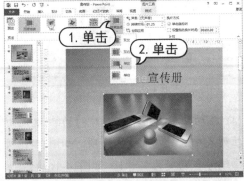

图14-17　选择切换效果　　　　　　　　图14-18　设置效果选项

⑭.3.2 设置切换计时

设置幻灯片切换动画后，还可以对切换动画选项进行设置，比如切换动画时出现的声音、持续时间、换片方式等。

【例14-8】设置幻灯片的换片方式。

(1) 打开【例14-7】制作的【宣传册】演示文稿。

(2) 在【计时】组中的【声音】下拉列表中选择【推动】选项，如图14-19所示。

(3) 取消【单击鼠标时】复选框，然后单击【全部应用】按钮，即可将切换效果应用到所有的幻灯片中，如图14-20所示。

图14-19　选择切换时播放的声音

图14-20　设置换片方式

⑭.4　上机练习

本实例将制作【卷轴动画】演示文稿，该动画展现了卷轴先从右至左拉开，然后毛笔飞入卷轴中从左至右写下【天府之国.魅力成都】几个字的效果，通过本实例的练习，帮助读者进一步加深对本章知识的掌握。

(1) 启动PowerPoint应用程序，新建一个演示文稿，将其保存为【卷轴动画】。

(2) 选中第1张幻灯片，在任意空白处右击，在弹出的快捷菜单中选择【设置背景格式】命令，如图14-21所示。

(3) 打开【设置背景格式】窗格，选中【纯色填充】单选按钮，在【颜色】下拉列表中选择【黑色，文字1】选项，如图14-22所示。

(4) 关闭【设置背景格式】窗格，切换到【插入】选项卡，在【图像】组中单击【图片】按钮 ，如图14-23所示。

(5) 打开【插入图片】对话框，选中【背景】、【卷轴】和【笔】图片文件，然后单击【插入】按钮，如图14-24所示。

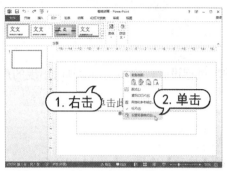

图14-21　选择【设置背景格式】命令

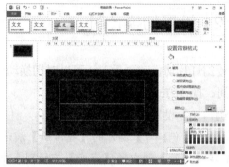

图14-22　选择填充颜色为黑色

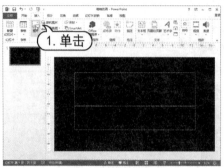

图14-23　单击【图片】按钮

图14-24　选择要插入的图片

(6) 将各个图片插入到幻灯片后，调整各个图片的大小和位置，效果如图14-25所示。

(7) 在幻灯片中绘制一个横排文本框，然后输入【天府之国.魅力成都】文本，并设置文字的字体，如图14-26所示。

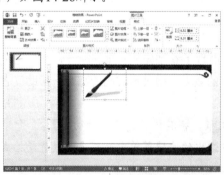

图14-25　调整插入的图片

图14-26　创建文本框和文字

(8) 切换到【动画】选项卡，在【高级动画】组中单击【动画窗格】显示动画窗格，如图14-27所示。

(9) 选中【卷轴】图片，切换到【动画】选项卡，在【高级动画】组中单击【添加动画】下拉按钮，在弹出的下拉列表中选择【进入】选项栏中的【飞入】选项，如图14-28所示。

(10) 在【动画】组中单击【效果选项】下拉按钮，在弹出的下拉列表中选择【自右侧】选项，如图14-29所示。

图14-27 显示动画窗格

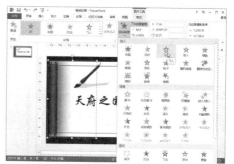

图14-28 选择进入效果

(11) 在【计时】组中的【开始】下拉列表中选择【上一动画之后】选项，在【持续时间】右侧的数值框中输入03.00，如图14-30所示。

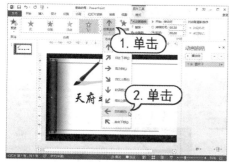

图14-29 设置效果选项

图14-30 设置计时选项

(12) 选中【背景】图片，在【高级动画】组中单击【添加动画】下拉按钮，在弹出的下拉列表中选择【进入】选项区域中的【擦除】选项，如图14-31所示。

(13) 在【动画】组中单击【效果选项】下拉按钮，在弹出的下拉列表中选择【自右侧】选项，如图14-32所示。

图14-31 选择擦除效果

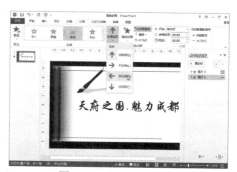

图14-32 设置效果选项

(14) 在【计时】组中的【开始】下拉列表中选择【与上一动画同时】选项，在【持续时间】数值框中输入03.00，在【延迟】数值框中输入00.3，如图13-33所示。

(15) 选中【笔】图片，在【高级动画】组中单击【添加动画】下拉按钮，在弹出的下拉列表中选择【进入】选项区域中的【飞入】选项，如图14-34所示。

计算机 基础与实训教材系列

图14-33　设置计时选项　　　　　　　图14-34　选择飞入效果

(16) 在【动画】组中单击【效果选项】下拉按钮，在弹出的下拉列表中选择【自底部】选项，如图14-35所示。

(17) 在【计时】组中的【开始】下拉列表中选择【上一动画之后】选项。

(18) 保持选中【笔】图片，在【高级动画】组中单击【添加动画】下拉按钮，在弹出的下拉列表中选择【动作路径】选项区域中的【自定义路径】选项，如图14-36所示。

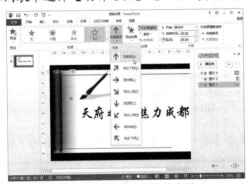

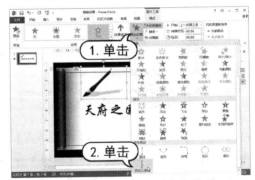

图14-35　设置效果选项　　　　　　　图14-36　选择【自定义路径】选项

(19) 在幻灯片中按下鼠标左键临摹文本框中的文字，书写完成后，单击【预览】按钮预览效果，如果毛笔图片的路径没有文字对齐，可以调整绘制路径的位置，使其移动的路径与文字对齐，如图14-37所示。

(20) 在【计时】组中的【开始】下拉列表中选择【上一动画之后】选项，在【持续时间】数值框中输入05.00，如图14-38所示。

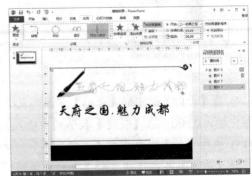

图14-37　绘制自定义动作路径　　　　图14-38　设置计时选项

提示

　　在制作幻灯片动画前，首先需要对整个幻灯片的动画效果有一个构思，在制作动画时，才能确定各个元素应该选择何种动画效果，以及动画的开始方式和持续时间等。

　　(21) 选中文本框，单击【动画】选项卡，在【高级动画】组中单击【添加动画】下拉按钮，在弹出的下拉列表中选择【进入】选项区域中的【擦除】选项，如图14-39所示。

　　(22) 接着在【动画】组中单击【效果选项】下拉按钮，在弹出的下拉列表中选择【自左侧】选项，如图14-40所示。

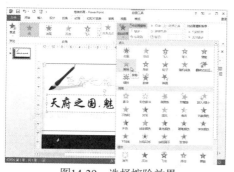
图14-39　选择擦除效果

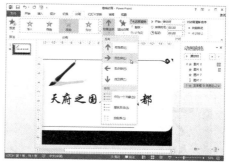
图14-40　设置效果选项

　　(23) 在【计时】组中的【开始】下拉列表中选择【与上一动画同时】选项，在【持续时间】数值框中输入05.00，如图14-41所示。

　　(24) 选中【笔】图片，单击【动画】选项卡，在【高级动画】组中单击【添加动画】下拉按钮，在弹出的下拉列表中选择【退出】选项区域中的【飞出】选项，如图14-42所示。

图14-41　设置计时选项

图14-42　选择飞出效果

　　(25) 在【动画】组中单击【效果选项】下拉按钮，在弹出的下拉列表中选择【到右侧】选项，如图14-43所示。

　　(26) 在【计时】组中的【开始】下拉列表中选择【上一动画之后】选项，如图14-44所示。

计算机 基础与实训教材系列

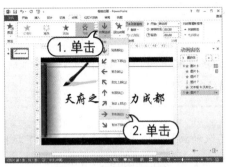
图14-43　设置效果选项

图14-44　设置开始方式

(27) 至此，整个卷轴的动画效果就制作完成了，在动画窗格中可以查看到每个动画的时间安排，按Ctrl+S组合键保存制作完成的演示文稿，如图14-45所示。

(28) 切换到【动画】选项卡，在【预览】组中单击【预览】按钮，可以预览动画的效果，如图14-46所示。

图14-45　查看动画的时间安排

图14-46　预览动画效果

14.5　习题

1. 如何在幻灯片中设置各个对象的动画效果？

2. 在幻灯片中设置对象的动画时，需要注意设置哪些内容？

3. 在预览动画时，通过哪个窗格来显示每一个动画效果所用的时间？

4. 用户为对象设置动画效果时，可以通过什么方式使对象按照设定的路径进行移动？

5. 使用自选图形和图片制作【工作报告】演示文稿，然后对各个对象进行动画设置，达到较为美观的动画效果，效果如图14-47所示。

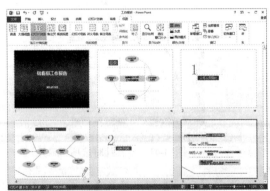
图14-47　制作【工作报告】演示文稿

第15章 放映与发布幻灯片

完成演示文稿的制作后，用户可以根据需要设置幻灯片的放映方式。另外，用户还可以将演示文稿创建为视频文件和PDF文档。

本章重点

- ◉ 放映演示文稿
- ◉ 打包演示文稿
- ◉ 发布演示文稿

15.1 放映演示文稿

在放映演示文稿之前，用户还需要对其进行一些设置，包括选择幻灯片的放映方式、调整幻灯片的放映顺序、设置每一张幻灯片的放映时间等。

15.1.1 设置放映方式

幻灯片放映方式包括演讲者放映(全屏幕)、观众自行浏览(窗口)和在展台浏览(全屏幕)3种，它们适合在不同的场合下使用。设置放映方式的操作方法如下。

【例15-1】设置幻灯片的放映方式。

(1) 启动PowerPoint应用程序，打开【菜谱】演示文稿。

(2) 单击【幻灯片放映】选项卡，在【设置】组中单击【设置幻灯片放映】按钮，如

图15-1所示。

(3) 打开【设置放映方式】对话框，选中【观众自行浏览(窗口)】单选按钮和【放映时不加旁白】复选框，再设置放映范围和换片方式，然后单击【确定】按钮，如图15-2所示。

(4) 完成了放映方式的设置后，按F5键放映幻灯片即可观看设置放映方式后的效果。

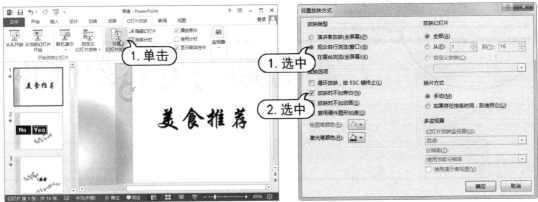
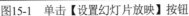

图15-1　单击【设置幻灯片放映】按钮　　　　图15-2　设置放映方式

15.1.2　设置排练计时

使用排练计时可以为每一张幻灯片中的对象设置具体的放映时间，开始放映演示文稿时，无须用户单击鼠标，就可以按照设置的时间和顺序进行放映，实现演示文稿的自动放映。

【例15-2】设置各张幻灯片的排练计时。

(1) 启动PowerPoint 应用程序，打开【例15-1】制作的【菜谱】演示文稿。

(2) 单击【幻灯片放映】选项卡，在【设置】组中单击【排练计时】按钮，进入放映排练状态，幻灯片将全屏放映，同时打开【录制】工具栏并自动为该幻灯片计时，此时可以单击鼠标或按Enter键放映下一个对象，如图15-3所示。

(3) 单击鼠标左键或单击【录制】栏中的【右箭头】按钮切换到第2张幻灯片后，【录制】栏中的时间又将从头开始为该张幻灯片的放映进行计时，如图15-4所示。

图15-3　全屏放映幻灯片　　　　　图15-4　录制排练时间

(4) 按照同样的方法对演示文稿中的每张幻灯片放映时间进行计时，放映完毕后将打开提示对话框，提示总共的排练计时时间，并询问是否保留幻灯片的排练时间，单击【是】按钮进行保存，如图15-5所示。

图 15-5　提示对话框

(5) PowerPoint自动切换到【幻灯片浏览】视图中，并在每张幻灯片的左下角显示放映该张幻灯片所需的时间，如图15-6所示。

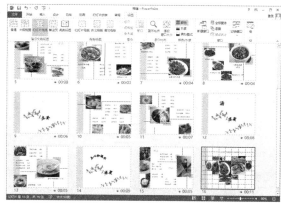

图 15-6　查看排练计时

 提示

设置排练计时后，如果在【设置放映方式】对话框的【换片方式】选项区域中选中【如果存在排练时间，则使用它】单选按钮，放映演示文稿时则会按照排练时间自动放

15.1.3　自定义放映幻灯片

自定义放映幻灯片是指选择演示文稿中的某些幻灯片作为当前要放映的内容，并将其保存为一个名称，这样用户任何时候都可以选择只放映这些幻灯片，这主要用于大型演示文稿中的幻灯片放映。

【例15-3】设置幻灯片的自定义放映。

(1) 启动PowerPoint 应用程序，打开【菜谱】演示文稿。

(2) 单击【幻灯片放映】选项卡，在【开始放映幻灯片】组中单击【自定义幻灯片放映】下拉按钮，在弹出的下拉列表中选择【自定义放映】选项，如图15-7所示。

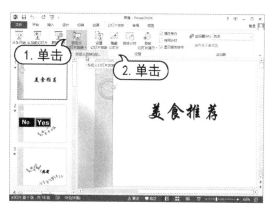

图 15-7　选择【自定义放映】选项

(3) 弹出【自定义放映】对话框，单击【新建】按钮，如图15-8所示。

(4) 打开【定义自定义放映】对话框，

图 15-8　【自定义放映】对话框

在左侧列表框中按住Ctrl键单击选中要放映的幻灯片名称，然后单击【添加】按钮，如图15-9所示。

(5) 在对话框顶端输入放映名称，在【在自定义放映中的幻灯片】列表框中选中要移动的幻灯片，单击右侧的【上移】和【下移】按钮可以调整幻灯片的放映顺序，然后单击【确定】按钮完成设置，如图15-10所示。

(6) 返回到【自定义放映】对话框，单击【放映】按钮，此时即可开始放映自定义添加的幻灯片。

图15-9　选择要放映的幻灯片

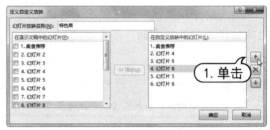

图15-10　调整放映顺序

15.1.4　放映幻灯片

放映幻灯片的方式有多种，如上一节中介绍的自定义放映，还包括从头开始放映、从当前幻灯片开始放映等。当需要退出幻灯片放映时，按Esc键即可。

【例15-4】从头开始放映幻灯片和从当前幻灯片开始放映。

(1) 启动PowerPoint 应用程序，打开【菜谱】演示文稿。

(2) 如果希望从第1张幻灯片开始放映，可以选中任意一张幻灯片，然后单击【幻灯片放映】选项卡，在【开始放映幻灯片】组中单击【从头开始】按钮，如图15-11所示，即可进入幻灯片放映视图，并从第1张幻灯片开始依次对幻灯片进行放映。

(3) 如果希望从当前某一张幻灯片(如第5张)开始放映，可以先选中该张幻灯片，然后单击【幻灯片放映】选项卡，在【开始放映幻灯片】组中单击【从当前幻灯片开始】按钮，如图15-12所示，即可以全屏方式从当前幻灯片开始放映幻灯片。

图15-11　单击【从头开始】按钮

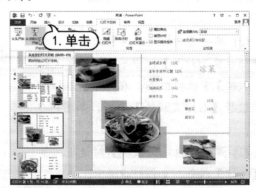

图15-12　单击【从当前幻灯片开始】按钮

15.2　打包和发布演示文稿

　　有时用户需要将制作好的演示文稿传给其他人进行学习、欣赏等，就需要先在自己的电脑中对演示文稿进行打包，然后将打包文件复制到他人的电脑中。但如果在他人的电脑中并没有安装PowerPoint程序，将无法正常播放演示文稿，这就需要先将演示文稿创建为视频文件。

15.2.1　打包演示文稿

　　如果要将演示文稿放到其他电脑上进行演示，就需要先对演示文稿进行打包处理，然后将打包文件复制到其他电脑中进行演示。

　　【例15-5】打包【工作报告】演示文稿。

　　(1) 打开【工作报告】演示文稿，单击【文件】按钮，在弹出的列表中选择【导出】|【将演示文稿打包成CD】选项，然后单击右侧的【打包成CD】按钮，如图15-13所示。

　　(2) 在打开的【打包成CD】对话框中单击【选项】按钮，如图15-14所示。

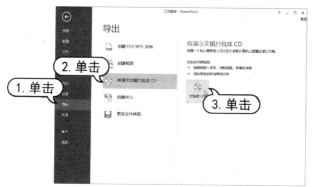

图15-13　单击【打包成CD】按钮　　　　　图15-14　单击【选项】按钮

　　(3) 在打开的【选项】对话框中选中【链接的文件】和【嵌入的TrueType字体】复选框，然后单击【确定】按钮，如图15-15所示。

　　(4) 返回到【打包成CD】对话框，单击【复制到文件夹】按钮，打开【复制到文件夹】对话框，设置文件夹的名称和保存位置，然后单击【确定】按钮，如图15-16所示。

图15-15　【打包成CD】对话框　　　　　图15-16　设置文件夹名称和位置

计算机 基础与实训教材系列

(5) 在弹出的提示对话框中单击【是】按钮，如图15-17所示。

图15-17　提示对话框

(6) 打包完成后，用户可以打开保存打包文件的文件夹进行查看，如图15-18所示。

图15-18　查看打包的演示文稿

15.2.2　发布幻灯片

PowerPoint提供了一个存储幻灯片的数据库，可以将幻灯片发布到幻灯片库，也可以从幻灯片库将幻灯片添加到演示文稿中。在需要制作内容相近的幻灯片时，直接调用幻灯片库的对象可以节约制作的时间。

【例15-6】将幻灯片发布到库中。

(1) 打开【工作报告】演示文稿，单击【文件】按钮，在展开的列表中选择【共享】|【发布幻灯片】选项，然后单击右侧的【发布幻灯片】按钮，如图15-19所示。

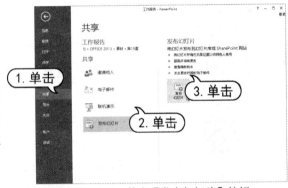

图15-19　单击【发布幻灯片】按钮

(2) 在打开的【发布幻灯片】对话框中选中要发布的幻灯片，然后单击【浏览】按钮，如图15-20所示。

(3) 在打开的【选择幻灯片库】对话框中选择要保存的位置，然后单击【发布】按钮，即可开始幻灯片的发布。

图15-20　【发布幻灯片】对话框

15.2.3　将演示文稿创建为视频

如果要在没有安装PowerPoint的电脑上放映演示文稿，可以先将其创建为视频文件，然后将视频文件拷贝到其他电脑中，即可使用视频播放器等软件播放演示文稿中的内容。将演示文稿创建为视频文件的操作方法如下。

【例15-7】将演示文稿创建为视频文件。

(1) 打开【工作报告】演示文稿。单击【文件】按钮，在展开的列表中选择【导出】|【创建视频】选项，在右侧选择要创建的视频清晰度，设置放映每张幻灯片的秒数，然后单击【创建视频】按钮，如图15-21所示。

(2) 在打开的【另存为】对话框选择视频保存的位置，然后单击【保存】按钮，如图15-22所示，即可在指定的位置将演示文稿创建为视频文件。

(3) 双击视频文件即可在视频播放软件中将演示文稿以视频效果进行播放。

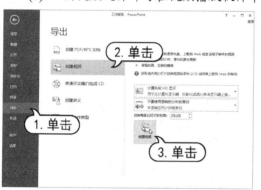

图15-21　单击【创建视频】按钮　　　　　　图15-22　【另存为】对话框

15.2.4　将演示文稿创建为 PDF 文档

如果要在没有安装PowerPoint的电脑上阅读演示文稿的内容，可以先将其创建为PDF文档，然后将PDF文件拷贝到其他电脑中，即可阅读演示文稿中的内容。将演示文稿创建为PDF文档的操作方法如下。

【例15-8】将演示文稿创建为PDF文档。

(1) 打开【工作报告】演示文稿。单击【文件】按钮，在展开的列表中选择【导出】|【创建PDF/XPS文档】选项，然后单击右侧的【创建PDF/XPS】按钮，如图15-23所示。

(2) 打开【发布为PDF或XPS】对话框，选择文件保存位置，选择保存类型为PDF，然后单击【选项】按钮，如图15-24所示。

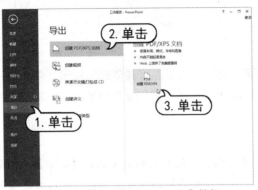

图15-23　单击【创建PDF/XPS】按钮

图15-24　设置保存位置和类型

(3) 打开【选项】对话框，在此可以设置发布幻灯片的范围和内容，然后单击【确定】按钮，如图15-25所示。

(4) 返回【发布为PDF或XPS】对话框中单击【发布】按钮，即可将演示文稿发布为PDF文档，双击PDF文件名即可在PDF阅读软件中打开进行阅读，如图15-26所示。

计算机 基础与实训教材系列

图15-25　【选项】对话框

图15-26　在PDF阅读软件中打开

15.3　上机练习

本节上机练习将通过发布【数码产品展示】演示文稿，帮助读者进一步加深对本章知识的掌握。

(1) 启动PowerPoint 应用程序，打开【数码产品展示】演示文稿。

(2) 选中第1张幻灯片，切换到【切换】选项卡，在【切换到此幻灯片】组中单击【切换方案】下拉按钮，在弹出的下拉列表中选择【华丽型】选项区域中的【门】选项，如图15-27所示。

(3) 在【切换到此幻灯片】组中单击【效果选项】下拉按钮，在弹出的下拉列表中选择【垂直】选项，如图15-28所示。

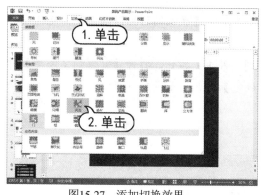

图15-27 添加切换效果

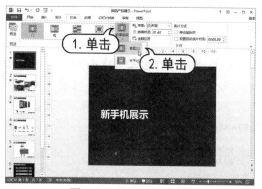

图15-28 设置效果选项

(4) 单击【文件】按钮，在展开的列表中选择【导出】|【创建PDF/XPS文档】选项，然后单击右侧的【创建PDF/XPS】按钮，如图15-29所示。

(5) 打开【发布为PDF或XPS】对话框，选择文件保存位置，选择保存类型为PDF，然后单击【发布】按钮，对演示文稿进行发布，如图15-30所示。

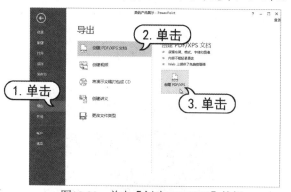

图15-29 单击【创建PDF/XPS】按钮

图15-30 发布演示文稿

(6) 单击【文件】按钮，在展开的列表中选择【导出】|【将演示文稿打包成CD】选项，然后单击右侧的【打包成CD】按钮，如图15-31所示。

(7) 在打开的【打包成CD】对话框中单击【选项】按钮，如图15-32所示。

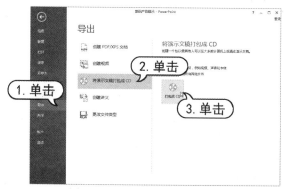

图15-31 单击【打包成CD】按钮

图15-32 单击【选项】按钮

计算机 基础与实训教材系列

(8) 在打开的【选项】对话框中选中【链接的文件】和【嵌入的TrueType字体】复选框，然后单击【确定】按钮，如图15-33所示。

(9) 返回到【打包成CD】对话框，单击【复制到文件夹】按钮，打开【复制到文件夹】对话框，设置文件夹的名称和保存位置，然后单击【确定】按钮，如图15-34所示。

图15-33　【打包成CD】对话框　　　　　图15-34　设置文件夹名称和位置

(10) 在弹出的提示对话框中单击【是】按钮，将演示文稿进行打包。

(11) 按Ctrl+S组合键保存制作完成的演示文稿，切换到【幻灯片放映】选项卡，在【开始放映幻灯片】组中单击【从头开始】按钮，可以从头开始放映幻灯片，如图15-35所示。

(12) 在保存PDF文件的文件夹中双击创建的PDF文件，即可在PDF阅读软件中打开发布的演示文稿，如图15-36所示。

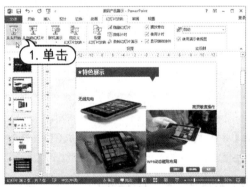

图15-35　单击【从头开始】按钮　　　　　图15-36　在PDF阅读软件中打开

⑮.4　习题

1. 将光标放在工具按钮上面，会显示工具按钮的相关信息。通过该操作，查看放映幻灯片的快捷键是什么？

2. 幻灯片的放映方式有哪几种？

3. 当用户面对不同的观众时，可能需要设置幻灯片的放映顺序或幻灯片放映张数，应该怎么设置？

4. 如何对演示文稿进行打包？

5. 打开一个演示文稿，分别采用不同的方法从头开始放映幻灯片、从当前页开始放映幻灯片、非全屏放映幻灯片等。

6. 制作【大红灯笼】动画效果，在制作首先将多个雪花组合成一个图形，并将其复制一个，然后分别为其设置【曲线】动作路径动画，使其从上往下飘落，制作完成后，按F5键放映制作完成的动画，如图15-37所示。

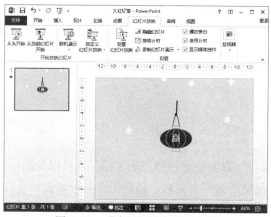

图15-37　【大红灯笼】演示文稿

第 16 章

综合案例

学习目标

使用Office中各程序组件可以制作各种类型的文档、表格以及演示文稿。本章将使用Office各方面的程序组件制作产品使用说明书文档、销售记录与分析表以及楼盘推广演示文稿，通过对它们的制作，提高读者实际运用Office的综合能力。

本章重点

- ◉ 制作产品说明书
- ◉ 制作销售统计表
- ◉ 制作楼盘推广幻灯片

16.1 制作产品说明书

产品使用说明书是向人们展示产品使用过程中注意事项的一种手册类型的文体。本例将以制作平板电脑使用说明书为例，讲解运用Word的综合运用，本例的最终效果如图16-1所示。

16.1.1 制作说明书的封面

在制作产品使用说明书时，需要先制作一个封面，用于产品对象以及产品特征的说明。下面讲解如何制作一个简洁明了的说明

图 16-1　实例效果

书封面，具体的操作步骤如下。

(1) 新建一个Word空白文档，将其保存为【产品使用说明书】。

(2) 在文档的首行输入文本【时尚平板电脑】，并将其字体设置为【黑体】，字号为28磅，如图16-2所示。

(3) 将光标定位到第2行，单击【插入】选项卡，在【文本】组中单击【艺术字】下拉按钮，在弹出的下拉列表中选择【填充-红色，强调文字颜色2，粗糙棱台】选项，如图16-3所示。

图16-2　输入并设置文本

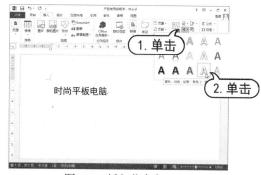

图16-3　插入艺术字

(4) 此时在文档中插入选中的艺术字，删除提示框中的默认提示文本，输入文本【使用说明书】，并将其字体设置为【华文中宋】、字号设置为48磅，如图16-4所示。

(5) 选中艺术字文本框，单击【格式】选项卡，在【文本】组中单击【文字方向】下拉按钮，在弹出的下拉列表中选择【垂直】选项，如图16-5所示。

图16-4　输入艺术字文本

图16-5　设置文字方向

(6) 将转变成垂直方向的艺术字拖动到文档的中心位置，如图16-6所示。

(7) 选中艺术字，切换到【格式】选项卡，单击【艺术字样式】组中的【文本填充】下拉按钮，在弹出的下拉列表中选择【深红】选项，如图16-7所示。

(8) 单击【艺术字样式】组中的【文本轮廓】下拉按钮Ａ ▾，在弹出的下拉列表中选择【白色，背景1】选项，如图16-8所示。

(9) 单击【艺术字样式】组中的【文字效果】下拉按钮Ａ ▾，在弹出的下拉列表中选择【阴影】|【左下斜偏移】选项，如图16-9所示。

图16-6　调整艺术字的位置

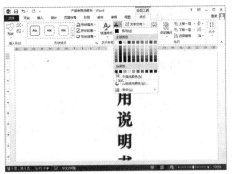
图16-7　设置艺术字填充颜色

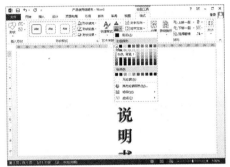
图16-8　设置艺术字轮廓颜色

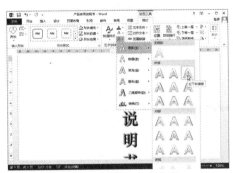
图16-9　调整艺术字效果

(10) 将光标定位到文档的最后一行，输入一个破折号和文本【高端时尚，品质卓越】，并将其字体设置为【华文行楷】，字号设置为26磅，如图16-10所示。

(11) 将光标移动到标尺处的【首行缩进】滑块上，向右拖动【首行缩进】滑块，调整最后一行的文本位置，如图16-11所示。

图16-10　输入并设置文本

图16-11　调整段落缩进

 提示------------------------------

　　在创建和编辑文档的过程中，对文档所做的修改应即时进行保存，以防止因断电或其他原因造成信息失误。

16.1.2 设置段落样式

本节将在文档中输入说明书的主体内容。在输入内容时，对每个标题的级别样式进行设置，以方便目录创建，具体的操作步骤如下。

(1) 切换到【开始】选项卡，在【样式】组中的样式列表框中右击【正文】样式，在弹出的快捷菜单中选择【修改】命令，如图16-12所示。

(2) 打开【修改样式】对话框，在【格式】选项区域中设置中文字体为【宋体】、字号为12磅，然后单击【格式】下拉按钮，在弹出的下拉列表中选择【段落】选项，如图16-13所示。

图16-12 修改正文样式

图16-13 【修改样式】对话框

(3) 打开【段落】对话框，切换到【缩进和间距】选项卡，在【缩进】选项区域中的【特殊格式】下拉列表框中选择【首行缩进】选项，在【磅值】下拉列表框中选择【2字符】选项。然后在【间距】选项区域中设置【段前】和【段后】的数值并确定，如图16-14所示。

(4) 返回【修改样式】对话框，单击【格式】下拉按钮，在弹出的下拉列表中选择【快捷键】选项。

(5) 打开【自定义键盘】对话框，将光标定位到【请按新快捷键】下的文本框内，按Alt+1组合键作为设置的快捷键，再单击【指定】按钮，如图16-15所示。

(6) 返回到【修改样式】对话框，单击【确定】按钮进行确定。

图16-14 设置缩进和间距

图16-15 设置快捷键选项

计算机基础与实训教材系列

(7) 返回到文档中，在【样式】组中的样式列表框中右击【标题1】样式，在弹出的快捷菜单中选择【修改】命令。

(8) 打开【修改样式】对话框，在【格式】选项区域中设置中文字体为【楷体】、字号为24磅，然后单击【确定】按钮，如图16-16所示。

(9) 返回到文档中，在【样式】组中的样式列表框中右击【标题2】样式，在弹出的快捷菜单中选择【修改】命令。

(10) 打开【修改样式】对话框，在【格式】选项区域中设置中文本字体为【楷体】、字号为18磅，单击【确定】按钮，如图16-17所示。

(11) 使用同样的方法将【标题3】样式的中文字体设置为【楷体】、字号设置为14磅。

计算机 基础与实训教材系列

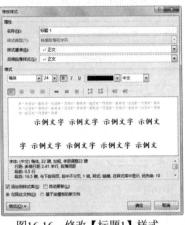 

图16-16　修改【标题1】样式　　　　　　图16-17　修改【标题2】样式

(12) 返回到文档中，在第2页的首行输入【目录】文本。然后在【样式】组中的样式列表中单击【标题1】样式，将【目录】文本设置为一级标题，如图16-18所示。

(13) 按Enter键换行至第3页的页首，输入文本【1. 快速指南】，并对该文本应用【标题1】样式，将其设置为一级标题，如图16-19所示。

 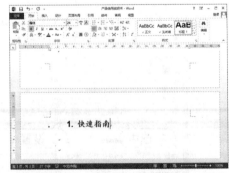

图16-18　应用【标题1】样式　　　　　　图16-19　输入【1. 快速指南】

(14) 按Enter键换行，输入【1.1 开/关机】文本，并对该文本应用【标题2】样式，将其设置为二级标题，如图16-20所示。

(15) 按Enter键换行，输入正文内容，然后对该文本应用【正文】样式，如图16-21所示。

图16-20　应用【标题2】样式

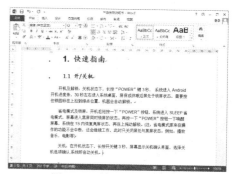

图16-21　输入并设置正文

(16) 使用同样的方法创建其他文本，并将作为三级标题的文本设置为【标题3】样式。

(17) 将光标置于【1.3.1 WiFi上网】一节的正文下方，切换到【插入】选项卡，单击【插图】组的【图片】按钮，如图16-22所示。

(18) 打开【插入图片】对话框，选择如图16-23所示的【设置Wifi】图片，然后单击【插入】按钮，将选择的图片插入到正文中。

图16-22　单击【图片】按钮

图16-23　选择并插入图片

(19) 选中插入的图片，切换到【格式】选项卡，在【排列】组中单击【自动换行】下拉按钮，在弹出的下拉列表中选择【四周型环绕】选项，如图16-24所示。

(20) 拖动设置环绕效果的图片，调整图片在文中的位置，如图16-25所示。

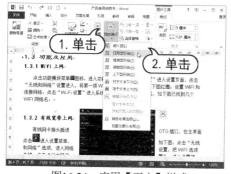

图16-24　应用【正文】样式

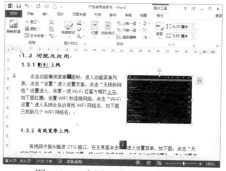

图16-25　应用正文样式后的效果

(21) 将【设置菜单】图片插入到文档的【1.3.2 有线宽带上网】一节中，然后使用上述方法调整图片在文中的位置。

计算机 基础与实训教材系列

(22) 选中【2. 注意事项】一节中的正文内容，切换到【格式】选项卡，在【段落】组中单击【编号】下拉按钮 三，在弹出的下拉列表中选择数值编号选项，如图16-26所示。

(23) 分别对最后两节中的正文应用数值编号，效果如图16-27所示。

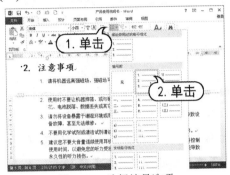

图16-26　选择编号选项

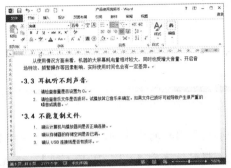

图16-27　对正文进行编号

计算机
基础与实训教材系列

16.1.3　设置页眉和页脚

在制作使用说明书时，需要添加页眉和页脚内容，以显示文档的页数和一些相关的信息，下面在说明书中插入页眉和页脚，并设置奇偶页不同的页眉内容，具体的操作步骤如下。

(1) 切换到【插入】选项卡，在【页眉和页脚】组中单击【页眉】下拉按钮，在弹出的下拉列表中选择【空白】选项，如图16-28所示。

(2) 在第2页页眉区域中输入【平板电脑使用说明书】文本，将其字体设置为【宋体】，字号设置为16磅，如图16-29所示。

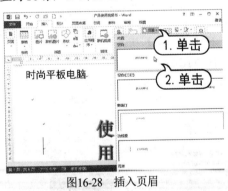

图16-28　插入页眉

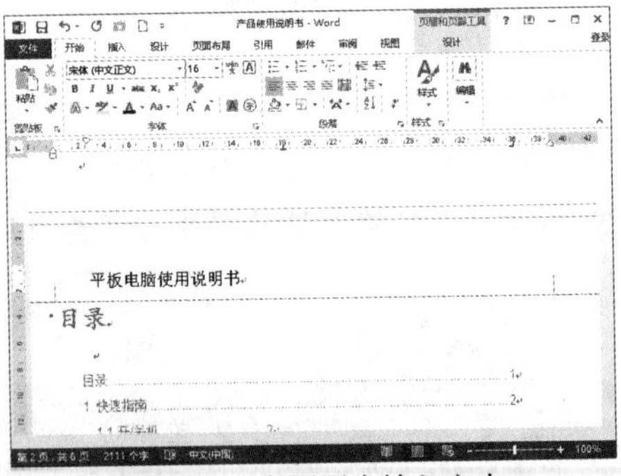

图16-29　在页眉中输入文本

(3) 单击【设计】选项卡，在【选项】组中选中【首页不同】复选框。在第1页文档中将不会显示页眉内容，如图16-30所示。

(4) 切换至第2页的页脚区域，单击【插入】选项卡，在【页眉和页脚】组中单击【页码】下拉按钮，在弹出的下拉列表中选择【页面底端】|【普通数字2】选项，如图16-31所示。

(5) 此时可以看到在页面的底端已经插入了圆角矩形的页码样式，然后单击【页码】下拉按钮，在弹出的下拉列表中选择【设置页码格式】选项。

图16-30 设置首页不同

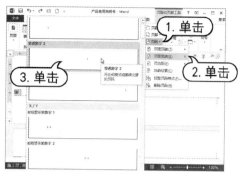

图16-31 插入页码

(6) 打开【页码格式】对话框，在【起始页码】文本框中输入0，单击【确定】按钮，如图16-32所示。

(7) 经过前面的操作后，可以看到封面没有显示页码，在第2页的目录页中显示为第1页，如图16-33所示。然后关闭【页眉和页脚工具】选项卡，退出页眉和页脚的编辑状态。

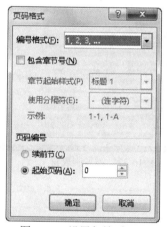

图16-32 设置起始页码

图16-33 从第2页开始显示页码

16.1.4 自动创建目录

对于应用了标题级别样式的文档，用户可以通过Word提供的引用目录功能，直接创建相应的目录内容，具体的操作步骤如下。

(1) 将光标定位到第2页的【目录】标题下方，单击【引用】选项卡，在【目录】组中单击【目录】下拉按钮，在弹出的下拉列表中选择【自定义目录】选项，如图16-34所示。

(2) 打开【目录】对话框，在【目录】选项卡中选中【显示页码】和【页码右对齐】复选框，在显示级别输入框中输入数字3，单击【确定】按钮完成设置，如图16-35所示。

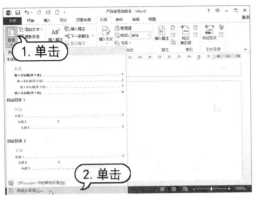

图16-34 选择【插入目录】选项

图16-35 设置目录显示级别

(3) 返回到文档即可看到引用目录后的效果，如图16-36所示，将光标定位在标题和页码之间，按Tab键即可在标题和页码之间添加制表符，如图16-37所示。

图16-36 引用目录后的效果

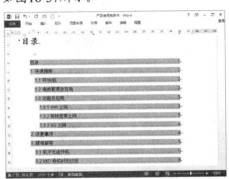

图16-37 添加制表符

16.1.5 为文档添加水印

用户可以通过Word提供的水印功能，为文档添加并设置合适的水印样式，增加文档的阅读效果，具体的操作步骤如下。

(1) 在第一页中双击页眉对象，进入【页眉和页脚】编辑状态，然后切换到【设计】选项卡，在【页面背景】组中单击【水印】下拉按钮，选择【自定义水印】选项，如图16-38所示。

(2) 打开【水印】对话框，选中【图片水印】单选按钮，然后单击【选择图片】按钮，如图16-39所示。

(3) 打开【插入图片】对话框，选择并插入【水印图片】图片，如图16-40所示。

(4) 返回到【水印】对话框，取消【冲蚀】复选框并确定，如图16-41所示。

(5) 选中水印图片，重新调整水印图片的大小，使其充满整个文档。

图16-38　选择【自定义水印】选项

图16-39　单击【选择图片】按钮

图16-40　选择要插入的图片

图16-41　【水印】对话框

(6) 在其他页添加同样的水印图片，然后退出页眉和页脚的编辑状态。

(7) 按Ctrl+S组合键保存文档，完成本例的制作。

16.2　制作销售统计表

在企业经营中，通过对年度销售的统计，可以了解到企业一年内的销售情况，以及员工的工作能力等。本例将讲解制作销售统计表的具体操作，实例的最终效果如图16-42所示。

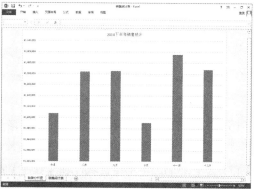

图16-42　年度销售统计表

16.2.1 输入表格数据

在制作年度销售统计表时，首先输入表格的数据，并设置表格格式，具体的操作步骤如下。

(1) 新建一个Word空白文档，将其保存为【销售统计表】。

(2) 选中A1单元格，输入标题文字，切换到【开始】选项卡，在【字体】选项组中设置字体为【宋体】、字号为18磅、字型为【加粗】、颜色为【深红】，如图16-43所示。

(3) 选择A1:K1单元格区域，单击【对齐方式】组中的【合并后居中】按钮，然后适当调节第一行单元格的高度，效果如图16-44所示。

图16-43　输入表格标题文字　　　　　　图16-44　设置表格格式

(4) 在A2:K2单元格区域中分别输入姓名、月份、总销售额等内容，设置字号为11磅，文本颜色为【深蓝】，如图16-45所示。

(5) 选中A2:K2单元格区域，单击【字体】组中的【填充颜色】下拉按钮，然后选择【蓝-灰,文字2,淡色60%】颜色选项，如图16-46所示。

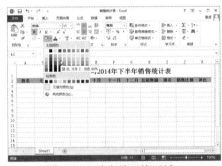

图16-45　输入文本内容　　　　　　　　图16-46　填充单元格区域

(6) 在A3:G23单元格区域中分别输入姓名和每月销售额等数据，设置字号为11磅，姓名的对齐方式为【左对齐】，销售额的对齐方式为【居中】，如图16-47所示。

(7) 选中B3:H23单元格区域，在【数字】组中的【数字格式】下拉列表中选择【货币】选项，然后单击【数字】组中的【减少小数位数】按钮，使货币位数为整数，效果如图16-48所示。

图16-47　输入文本内容

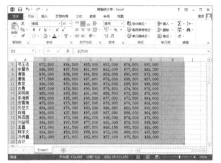

图16-48　设置货币格式

(8) 选中A2:K23单元格区域，在【字体】组中单击边框下拉按钮 ⊞ ▾，在弹出的下拉列表中选择【所有边框】选项，如图16-49所示，添加边框后的效果如图16-50所示。

图16-49　选择【所有边框】选项

图16-50　添加表格边框

⑯.2.2　计算销售数据

完成表格数据的输入后，接下来就需要使用公式或函数对表格数据进行求和、排名等计算，具体的操作步骤如下。

(1) 选中H3单元格，单击【编辑】选项组中的【自动求和】按钮，如图16-51所示，确认需要求和的单元格区域后，按Enter键求得结果。

(2) 将鼠标指针放在H3单元格右下方的填充柄上，然后向下拖动填充柄，对其中的求和公式进行填充复制，如图16-52所示。

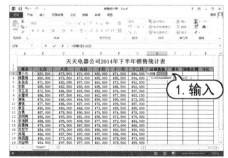

图16-51　使用自动求和

图16-52　填充求和公式

(3) 选中I3单元格，然后单击【公式】选项卡，单击【函数库】组中的【插入函数】按钮 fx，如图16-53所示。

(4) 在打开的【插入函数】对话框中选择【RANK】函数并确定，如图16-54所示。

图16-53　单击【插入函数】按钮

图16-54　选择函数

(5) 打开【函数参数】对话框，在【Number】(数值)文本框中输入单元格【H3】，在【Ref】(引用单元格) 文本框中输入单元格区域【H$3:H$22】，如图16-55所示。

(6) 单击【确定】按钮，即可求出H3单元格中的数值在引用单元格区域中的排名，如图16-56所示。

计算机 基础与实训教材系列

图16-55　设置排序参数

图16-56　求出排名结果

(7) 将光标放在I3单元格右下方的填充柄上，然后向下拖动填充柄，对其中的函数进行填充复制，求出其他排名，如图16-57所示。

(8) 使用【自动求和】函数计算出各月和上半年的销售总额，如图16-58所示。

图16-57　复制排名公式

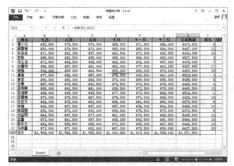

图16-58　计算各月的销售总额

(9) 选中J3单元格，输入计算黄诚在全部销售额中所占比例的公式【=H3/H$23】，如图16-59

所示。

(10) 按Enter键求出公式结果，将J列单元格设置为百分比格式，如图16-60所示。

图16-59　输入比例公式

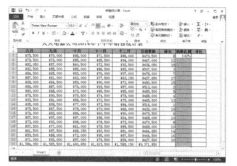

图16-60　计算百分比

(11) 将光标放在J3单元格右下方的填充柄上，然后向下拖动填充柄，对其中的公式进行填充复制，效果如图16-61所示。

(12) 选中K3单元格，单击【函数库】选项组中的【插入函数】按钮 *fx*，在打开的【插入函数】对话框中选择【IF】(假设) 函数并确定，如图16-62所示。

图16-61　填充计算比例的公式

图16-62　选择假设函数

(13) 设置逻辑条件为【I3<=5】，再分别输入条件为真时的内容和条件为假时的内容，如图16-63所示，然后单击【确定】按钮，得到的结果如图16-64所示。

图16-63　设置函数参数

图16-64　求出函数结果

(14) 将光标放在K3单元格右下方的填充柄上，然后向下拖动填充柄，对其中的函数进行填充复制，效果如图16-65所示。

(15) 双击【Sheet1】工作表标签名称将其激活，然后输入【销售统计表】，对工作表进行重命名，如图16-66所示。

图16-65　填充复制函数

图16-66　重命名工作表

16.2.3　创建分析图表

完成表格数据的统计后，还可以通过插入图表的方式对其中的数据进行图表分析，具体的操作步骤如下。

(1) 单击【插入】选项卡，在【图表】组中单击【插入柱形图】下拉按钮 ，然后在弹出的下拉列表中选择【簇状柱形图】选项，如图16-67所示。

(2) 插入图形后，在绘图区右击，然后在弹出的快捷菜单中选择【选择数据】命令，如图16-68所示。

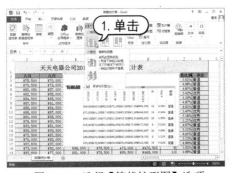

图16-67　选择【簇状柱形图】选项

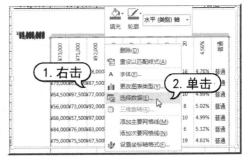

图16-68　选择【选择数据】命令

(3) 打开【选择数据源】对话框，在【图表数据区域】选项右方单击按钮 ，然后进入表格中选择B23:G23单元格区域作为数据源，如图16-69所示。

(4) 返回【选择数据源】对话框，在【水平(分类)轴标签】选项区域中单击【编辑】按钮，然后进入表格中选择B2:G2单元格区域作为轴标签区域，如图16-70所示。

(5) 返回【选择数据源】对话框，在【图例项(系列)】选项区域中单击【编辑】按钮，打开【编辑数据系列】对话框，在【系列名称】文本框中输入系列名称，如图16-71所示。

(6) 单击【确定】按钮，返回【选择数据源】对话框进行确定，如图16-72所示。

图16-69　设置选择数据源　　　　　　　　　　图16-70　设置轴标签区域

图16-71　输入系列名称　　　　　　　　　　图16-72　【选择数据源】对话框

(7) 编辑图表数据后的效果如图16-73所示，切换到【设计】选项卡，在【位置】组中单击【移动图表】按钮，如图16-74所示。

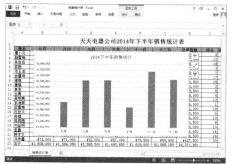

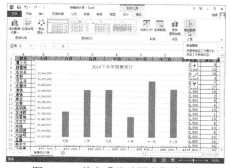

图16-73　编辑数据后的效果　　　　　　　　　图16-74　单击【移动图表】按钮

(8) 打开【移动图表】对话框，选中【新工作表】单选按钮，并输入图表的工作表名称，然后单击【确定】按钮，如图16-75所示。

(9) 创建的图表如图16-76所示，然后按Ctrl+S组合键对工作簿进行保存，完成本例的制作。

图16-75　设置图表位置和名称

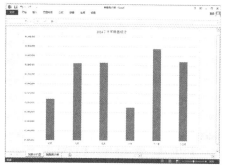

图16-76　创建的图表效果

计算机基础与实训教材系列

16.3 制作楼盘推广幻灯片

房地产公司在销售一个楼盘之前，都会做一些推广规划。楼盘推广规划可以提高楼盘的市场竞争力，帮助公司达到快速销售的目的。本例将讲解制作楼盘推广幻灯片的具体操作，实例的最终效果如图16-77所示。

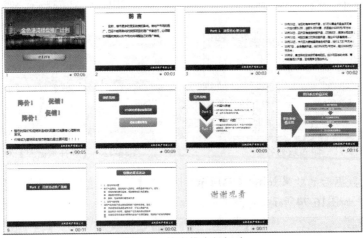

图16-77　楼盘推广幻灯片

16.3.1 创建首张幻灯片

由于首张幻灯片的背景与其他张的幻灯片不同，所以，先要对首张幻灯片的背景进行设置，具体的操作如下。

(1) 启动PowerPoint应用程序，新建一个空白演示文稿，并将其另存为【楼盘推广】。

(2) 单击【插入】选项卡，在【图像】组中单击【图片】按钮，如图16-78所示。

(3) 打开【插入图片】对话框，选择并插入【楼盘】图片，如图16-79所示。

图16-78　单击【图片】按钮

图16-79　选择并插入图片

(4) 在幻灯片中调整插入图片的大小，使其布满整个页面。然后右击图片，在弹出的快捷菜单中选择【置于底层】|【置于底层】命令，将图片置于最底层，如图16-80所示。

(5) 在标题和副标题占位符中分别输入标题文本和副标题文本,设置标题文本的字体为【微软雅黑】、字号为44磅、颜色为【黄色】,设置副标题文本的字体为【华文行楷】、字号为32、颜色为【紫色】,如图16-81所示。

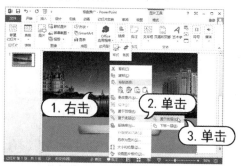

图16-80　设置图片位置

图16-81　输入并设置文本

16.3.2　创建幻灯片母版

下面创建幻灯片母版样式,作为其他幻灯片的背景,具体的操作如下。

(1) 切换到【视图】选项卡,然后在【母版视图】组中单击【幻灯片母版】按钮 ,如图16-82所示。

(2) 进入幻灯片母版编辑状态,选中第1张母版幻灯片,在幻灯片的编辑区域任意空白处右击,在弹出的快捷菜单中选择【设置背景格式】命令,如图16-83所示。

图16-82　单击【幻灯片母版】按钮

图16-83　选择【设置背景格式】选项

(3) 打开【设置背景格式】窗格,选中【填充】选项区域中的【图片或纹理填充】单选按钮,然后单击【文件】按钮,如图16-84所示。

(4) 打开【插入图片】对话框,选择【背景】图片,单击【插入】按钮,如图16-85所示。

(5) 关闭【设置背景格式】窗格,切换到【插入】选项卡,在【文本】组中单击【文本框】下拉按钮,在弹出的下拉列表中选择【横排文本框】选项,如图16-86所示。

(6) 在第1张母版幻灯片右下角的位置绘制一个横排文本框,然后输入公司的名称,字体设置为【华文行楷】、字号设置为22磅、字体颜色设置为【白色】,如图16-87所示。

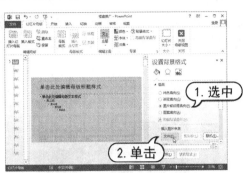

图16-84　单击【文件】按钮

图16-85　选择要插入的图片

图16-86　选择【横排文本框】选项

图16-87　绘制文本框

（7）关闭幻灯片母版的编辑状态，返回到普通视图下。

（8）单击【开始】选项卡，在【幻灯片】组中单击【新建幻灯片】下拉按钮，在弹出的下拉列表中选择【空白】选项，如图16-88所示。

（9）选中新建的第2张幻灯片缩略图，然后按Ctrl+D组合键对第2张幻灯片进行复制，并执行10次该操作，如图16-89所示。

图16-88　新建幻灯片

图16-89　复制幻灯片

16.3.3　创建幻灯片文本

创建好幻灯片母版后，接下来就需要在各个幻灯片中创建文本内容，具体的操作如下。

(1) 选中第2张幻灯片，切换到【开始】选项卡，在【幻灯片】组中单击【幻灯片版式】下拉按钮，在弹出的下拉列表中选择【标题和内容】选项，如图16-90所示。将第2张幻灯片更改为【标题和内容】版式，如图16-91所示。

图16-90　选择幻灯片版式

图16-91　更改幻灯片版式后的效果

(2) 在第2张幻灯片的标题占位符输入标题文本，字体设置为【微软雅黑】、字号设置为44磅、字型设置为【加粗】，对齐方式设置为【居中】。在内容占位符中输入相应的内容，并将其字体设置为【微软雅黑】、字号设置为28磅，如图16-92所示。

(3) 单击【视图】选项卡，在【显示】组中选中【标尺】复选框显示标尺，选中第2张幻灯片内容占位符中的全部文本，向右拖动标尺上的首行缩进滑块进行设置，如图16-93所示。

图16-92　在占位符中输入文本

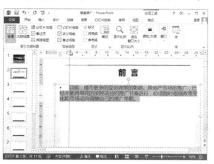

图16-93　设置文本首行缩进

(4) 使用同样的方法在其他幻灯片中输入文本，并为其设置文字格式，如图16-94所示。

(5) 选中第10张幻灯片，在内容文本中选择作为项目的文字。切换到【开始】选项卡，在【段落】组中单击【项目符号】下拉按钮，然后选择方形项目符号，如图16-95所示。

图16-94　输入并设置文字格式

图16-95　输入文本并设置文字格式

16.3.4 绘制自选图形

创建好幻灯片文本后，还需要在幻灯片中绘制图形，使幻灯片图文并茂，增强幻灯片的表现效果，具体的操作如下。

(1) 选中第3张幻灯片，切换到【插入】选项卡，在【插图】组中单击【形状】下拉按钮，在弹出的下拉列表中选择【矩形】选项，如图16-96所示。

(2) 在幻灯片中单击并拖动鼠标绘制一个矩形。

(3) 切换到【格式】选项卡，在【形状样式】组中单击【形状填充】下拉按钮，在弹出的下拉列表中选择【紫色】选项，如图16-97所示。

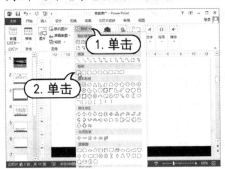

图16-96　选择【矩形】选项

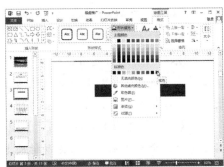

图16-97　绘制并填充矩形

(4) 选中矩形并右击，在弹出的快捷菜单中选择【编辑文字】命令，如图16-98所示。

(5) 这时矩形变为可编辑状态，在其中输入文本，并将其字体设置为【微软雅黑】、字号设置为28、字型设置为【加粗】，如图16-99所示。

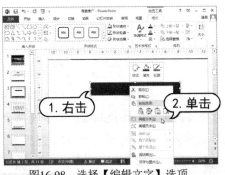

图16-98　选择【编辑文字】选项

图16-99　输入并设置文字

(6) 将第3张幻灯片中的矩形复制到第9张幻灯片中，修改第9张幻灯片中矩形内的文本，如图16-100所示。

(7) 选中第6张幻灯片，单击【插入】选项卡，在【插图】组中单击【形状】下拉按钮，在弹出的下拉列表中选择【圆角矩形】选项，如图16-101所示。

(8) 在第6张幻灯片左上方绘制一个圆角矩形，将其填充为深红色，如图16-102所示。

(9) 在圆角矩形中输入【销售策略】文本，并将其字体设置为【微软雅黑】、字号设置为

28磅、字型设置为【加粗】，如图16-103所示。

图16-100 复制矩形并修改文字

图16-101 选择【圆角矩形】选项

图16-102 绘制圆角矩形

图16-103 输入并设置文字

(10) 将第6张幻灯片中的圆角矩形复制一个粘贴到第7张幻灯片中，并修改第7张幻灯片圆角矩形中的文本，如图16-104所示。

(11) 将第6张幻灯片中的圆角矩形再复制一个粘贴到第8张幻灯片中，重新调整第8张幻灯片中圆角矩形的宽度和高度，并修改圆角矩形中的文本，如图16-105所示。

图16-104 复制圆角矩形

图16-105 复制并调整圆角矩形

(12) 将第8张幻灯片中的圆角矩形复制一个粘贴到第10张幻灯片，并修改第10张幻灯片圆角矩形中的文本，如图16-106所示。

(13) 在第6张幻灯片中绘制两个圆角矩形，将上方的圆角矩形填充为【紫色】，将下方的圆角矩形填充为【绿色】，如图16-107所示。

计算机 基础与实训教材系列

图16-106　复制圆角矩形

图16-107　绘制圆角矩形

(14) 选中第6张幻灯片下方的两个圆角矩形，切换到【格式】选项卡，在【形状样式】列表框中单击【形状效果】下拉按钮，然后选择【棱台】|【圆】选项，如图16-108所示。

(15) 在第6张幻灯片下方的两个圆角矩形内输入相应的文本，并为其设置文字格式，效果如图16-109所示。

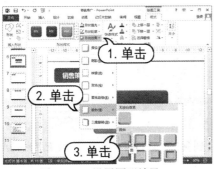

图16-108　设置图形效果

图16-109　输入并设置文字

16.3.5　绘制 SmartArt 图形

在本例的楼盘推广计划演示文稿中，还需要绘制流程图类型的图形，绘制这类图形可以使用SmartArt图形来完成，具体的操作如下。

(1) 选中第7张幻灯片，单击【插入】选项卡，在【插图】组中单击【SmartArt】按钮，如图16-110所示。

(2) 打开【选择SmartArt图形】对话框，选择【列表】选项区域中的【垂直V形列表】选项，然后单击【确定】按钮，如图16-111所示。

(3) 在第7张幻灯片中插入垂直V形列表样式的SmartArt图形后，选中SmartArt图形中任意一个形状，按Delete键将其删除，效果如图16-112所示。

(4) 选中SmartArt图形，切换到【设计】选项卡，在【SmartArt样式】组中单击【更改颜色】下拉按钮，在弹出的下拉列表中选择【彩色-着色】选项，如图16-113所示。

图16-110 单击【SmartArt】按钮　　　　图16-111 选择要插入的图形

图16-112 删除形状　　　　图16-113 选择图形颜色

(5) 保持SmartArt图形的选中状态，在【SmartArt样式】组中单击【快速样式】下拉按钮，在弹出的下拉列表中选择【优雅】选项，如图16-114所示。

(6) 在SmartArt图形中输入相应的文本，并为其设置文字格式，如图16-115所示。

图16-114 选择图形样式　　　　图16-115 更改颜色和样式后的效果

(7) 选中第8张幻灯片，在【插图】组中单击【SmartArt】按钮，打开【选择SmartArt图形】对话框，选择【流程】选项区域中的【分段流程】选项并确定，如图16-116所示。

(8) 在第8张幻灯片中插入选中的SmartArt图形后，将SmartArt图形移动到幻灯片的右侧，如图16-117所示。

(9) 切换到【插入】选项卡，在【插图】组中单击【形状】下拉按钮，在弹出的下拉列表中选择【右箭头】选项，在第8张幻灯片左侧绘制一个右箭头图形，如图16-118所示。

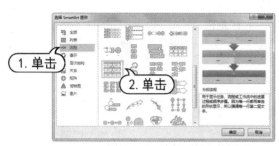

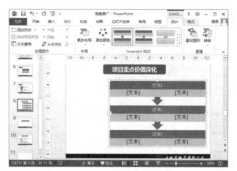

图16-116　选择要插入的图形　　　　　　图16-117　调整图形的位置

(10) 在右箭头图形和SmartArt图形中分别输入相应的文本并设置格式，如图16-119所示。

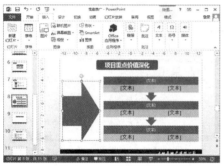

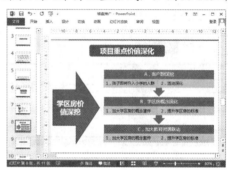

图16-118　绘制右箭头图形　　　　　　　图16-119　输入并设置文本

16.3.6　创建艺术字

下面将在幻灯片中创建艺术字文本，增强幻灯片的美观和视觉效果，具体的操作如下。

(1) 选中第5张幻灯片，切换到【插入】选项卡，在【文本】组中单击【艺术字】下拉按钮，在弹出的下拉列表中选择【填充-红色，着色2，轮廓-着色2】选项，如图11-120所示。

(2) 在幻灯片中插入艺术字后，删除艺术字文本框中默认的文本，重新输入【降价!】文本，将其字体设置为【宋体】、字号设置为54磅，如图11-121所示。

图11-120　选择艺术字样式　　　　　　　图11-121　输入并设置文本

(3) 选中第5张幻灯片中的艺术字，切换到【格式】选项卡，在【艺术字样式】组中单击【文

计算机基础与实训教材系列

字效果】下拉按钮 ，在弹出的下拉列表中选择【发光】|【红色，8 pt发光，着色2】选项，如图11-122所示。

(4) 将第5张幻灯片中的艺术字复制一个摆放在不同的位置，然后再复制两个，将其文本修改为【促销！】，并将其摆放在不同的位置，如图11-123所示。

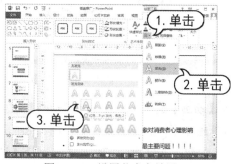
图11-122　设置艺术字效果

图11-123　复制并修改艺术字

(5) 选中最后一张幻灯片，切换到【插入】选项卡，在【文本】组中单击【艺术字】下拉按钮，在弹出的下拉列表中选择【渐变填充-水绿色，着色1，反射】选项，如图11-124所示。

(6) 插入艺术字后，修改默认的文本为【谢谢观看】，并将其字体设置为【华文新魏】、字号设置为80磅，如图11-125所示。

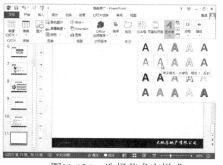
图11-124　选择艺术字样式

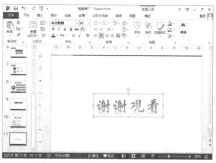
图11-125　输入并设置文字

16.3.7　幻灯片动画和放映设置

下面为幻灯片之间设置转换效果，并为某些对象添加动画，具体操作步骤如下。

(1) 切换到【转换】选项卡，在【切换到此幻灯片】组中单击【切换方案】下拉按钮，在弹出的下拉列表中选择【细微型】选项区域中的【推进】选项，如图16-126所示。

(2) 取消【计时】组中的【单击鼠标时】复选框，然后单击【计时】组中的【全部应用】按钮，如图16-127所示。

图16-126　选择切换方式

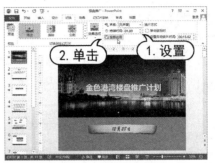

图16-127　设置计时参数

(3) 选中第1张幻灯片中的标题占位符，切换到【动画】选项卡，在【高级动画】组中单击【添加动画】下拉按钮，然后在【进入】选项区域中选择【缩放】选项，如图16-128所示。

(4) 选中副标题占位符，单击【添加动画】下拉按钮，在弹出的下拉列表中选择【进入】选项区域中的【淡出】选项，如图16-129所示。

图16-128　选择【缩放】选项

图16-129　选择【淡出】选项

(5) 在【计时】组中的【开始】下拉列表中选择【上一动画之后】选项，如图16-130所示。

(6) 选中第6张幻灯片中的第二个矩形图形，单击【添加动画】下拉按钮，在弹出的下拉列表中选择【进入】选项区域中的【随机线条】选项，如图16-131所示。

图16-130　设置计时选项

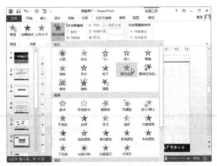

图16-131　选择【随机线条】选项

(7) 选中第6张幻灯片中的第三个矩形图形，添加【随机线条】动画效果，然后在【计时】组中的【开始】下拉列表中选择【上一动画之后】选项，如图16-132所示。

(8) 选中第7张幻灯片中的SmartArt图形，单击【添加动画】下拉按钮，在弹出的下拉列表中选择【强调】选项区域中的【脉冲】选项，如图16-133所示。

图16-132 设置计时选项　　　　　　　　　图16-133 选择【脉冲】选项

(9) 单击【动画】组中的【效果选项】下拉按钮，在弹出的下拉列表中选择【逐个】选项，如图16-134所示。

(10) 选中第8张幻灯片中左方的箭头图形，单击【添加动画】下拉按钮，在弹出的下拉列表中选择【进入】选项区域中的【飞入】选项，如图16-135所示。

图16-134 选择【逐个】选项　　　　　　　图16-135 选择【飞入】选项

(11) 单击【动画】组中的【效果选项】下拉按钮，在弹出的下拉列表中选择【自左侧】选项，如图16-136所示。

(12) 选中第8张幻灯片中右方的流程图形，添加【随机线条】动画效果，在【计时】组中的【开始】下拉列表中选择【上一动画之后】选项，然后单击【动画】组中的【效果选项】下拉按钮，在弹出的下拉列表中选择【逐个】选项，如图16-137所示。

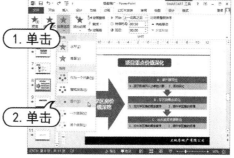

图16-136 选择【自左侧】选项　　　　　　图16-137 选择【逐个】选项

(13) 选中最后一张幻灯片中的艺术字，单击【添加动画】下拉按钮，在弹出的下拉列表中选择【进入】选项区域中的【翻转式由远及近】选项，如图16-138所示。

计算机 基础与实训教材系列

(14) 切换到【幻灯片放映】选项卡，在【设置】组中单击【排练计时】按钮，如图16-139所示，然后进行幻灯片放映排练计时。

(15) 在【开始放映幻灯片】组中单击【从头开始】按钮，预览幻灯片的放映效果，完成本例的制作。

图16-138　选择动画效果

图16-139　进行排练计时

16.4　习题

1. 如何调整文档中页面的页边距？
2. 如何在打印之前查看打印效果，以便在打印前发现不足之处，并做及时的修改。
3. 在Excel中，如何快速在同一行或同一列中输入等差、等比或预定义的数据？
4. 在PowerPoint中，如何在没有占位符的地方输入文本内容？
5. 使用本书学习过的Word知识，练习制作一份如图16-140所示的企业简报文档。
6. 使用本书学习过的Excel知识，练习制作一份如图16-141所示的学生成绩统计表。

图16-140　企业简报文档

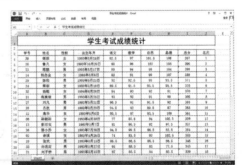
图16-141　学生成绩统计表